JN056595

Power Design Inc.

ソシム

▶ Introduction

はじめに

動画コンテンツが盛り上がる昨今、避けては通れないのがサムネイルデザインです。「ちゃちゃっとテキトーに作ればいいんじゃない?」なんて思ったら大間違い。サムネの良し悪しで、動画の再生数は大きく変わってしまうのです。しかも実際に作ってみると、小さいくせに意外と奥が深くて難しい。同じ切り口で似たようなサムネばかりを作り続けるわけにもいきません。その上制作に充てられる時間は短く、悩んでいる暇もないのが現実。想像以上の大ピンチです……!

さて本書はそんな悩める皆さんへ向けた、動画サムネイル特化型のデザインレイアウト本です。具体的には、ひとつの動画に対して、アプローチの異なる3つのサムネデザインを紹介しています。手堅い王道案から、周りと差がつくぶっ飛び案、目からウロコの変化球案まで、多角的な視点で発想したさまざまなサムネを計90種類見ることができます。デザイン制作時の参考にしやすいよう、各デザインのポイントやフォント、配色についても説明しました。

言わずもがな、デザインの正解は1つではありません。切り口を変えればたくさんの「良いサムネ」を作り出すことができます。サムネデザインで迷子になったとき、行き詰ったとき、マンネリしたとき、ぜひ本書を頼ってください。さまざまなサムネとその解説を見ることで、きっとヒントが見つかるはずです。

本書が、頑張るあなたの"お助け本"となれますように。

▶ About Video Thumbnail

動画サムネイルについて

サムネの役割

そもそもサムネとは、動画の見本となる小さな静止画のことで、再生前の段階で表示されます。動画を視聴しなくても内容がわかるように"伝える"役割を持っています。

サムネの重要性

サムネを通らずして動画の視聴は始まりません。逆に言えば、視聴者はまずサムネを見て、動画を再生するか否かの判断をします。どんなに良い動画であってもサムネが悪ければ再生してもらえません。つまりサムネは動画の"入り口"にあたる、超重要要素だと言えます。

「良いサムネ」とは

前提として、じっくり時間をかけてサムネを吟味する人は、ほぼいません。サムネは"一瞬しか見られない"ものと思ってください。パッと視線を引きつけ、瞬時に理解させ、グッと心を掴む。この3つのアクションを一瞬で起こすことができれば、動画視聴へ導く「良いサムネ」と呼べるでしょう。
そんなサムネを作るための指針にしたい、5つのポイントを右にまとめます。

サムネ五箇条

1 要素は大きく適量を載せる

動画はスマホやタブレットなど、コンパクトな端末を使って視聴する人がほとんど。サムネの文字や写真は大きめに、必要なものだけを載せて、小さくても見やすいサムネを目指しましょう。

2 文字は短く簡潔に

サムネは「読む」ではなく「見る」もの。ひと目見た瞬間に内容が理解できるように、具体的な数字やキーワードなどを使って端的に表現するのがベストです。

3 "タイトルと同じ"は避ける

大抵の場合、サムネはタイトルとセットで表示されます。限られた情報量の中で同じことを2度伝えてももったいないだけ。タイトルとは異なる言い回し or 別の情報を載せると合理的です。

4 見たくなる仕掛けを作る

ただ伝えるだけではなく、視聴者の好奇心を刺激することも必要です。賑やかなデザインで楽しげなムードを演出したり、伏せ字やモザイクで興味を引くのも効果的。

5 類似動画のサムネをチェック

デザインの傾向やセオリーを見つけたら、積極的に取り入れてOK。 ただし馴染みすぎると埋もれてしまうので、どこかで差をつけて目立たせる工夫も忘れずに。

▶ How To Use

本書の読み方

本書では、サムネデザインに悩む「飼い主さん」を心配そうに見守る3匹の「おたす犬」たちが、1つの動画に対して三者三様のデザインをそれぞれ提案・プレゼンします。動画30本×3種類＝計90種類ものサムネは、3匹の"得意"を活かして作られたバラエティ豊かなデザインで、どれも存在感があり目を引きます。3匹の楽しいアイデアの数々を、ぜひ覗いてみてください。

キャラクター紹介

飼い主さん

中堅デザイナー。
副業でサムネ職人を始めたものの、
時間がないしアイデアもマンネリ気味。
いつも困っている。

飼い主さんを助けたい！
われらおたす犬（けん）

柴犬

真面目で賢い。
わかりやすく整った
デザインが得意。

トイプードル

みんなのアイドル。
親しみやすい
デザインが得意。

フレンチブルドッグ

関西弁をしゃべる。
大胆でインパクトのある
デザインが得意。

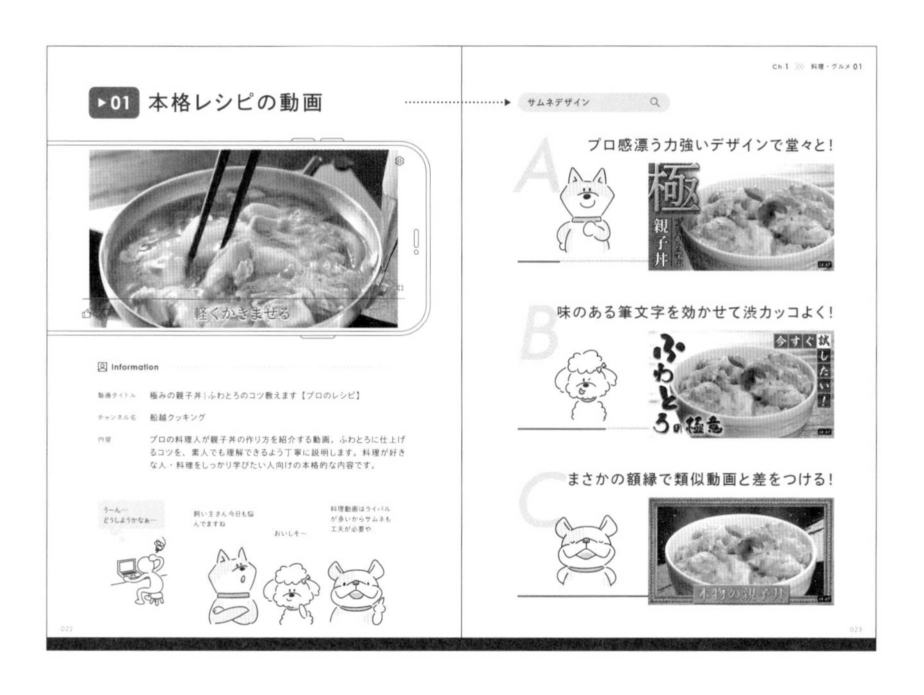

1ページ目

動画の基本情報

動画のワンシーンと、タイトル・チャンネル名・内容を掲載。これらの情報を元に、サムネデザインを作成します。

悩める飼い主さんの傍で、おたす犬たちがなにやら話しているようです…。

2ページ目

デザインバリエーション

3匹が提案するデザイン案です。同じ動画でも、切り口やアプローチ次第で、全く違ったサムネができあがることがよくわかります。

▶ How To Use

本書の読み方

Ch.1 》 料理・グルメ 01

A

上品さ×重厚感で
説得力のあるサムネに！

極
親子丼
プロから学ぶ
14:47

極みの親子丼｜ふわとろのコツ教えます【プロのレシピ】

Good!

1 こだわりのゴールド
「極」を大きく載せてアイキャッチに。ゴールド部分は深みのある色を選んだり、テクスチャーを足したりして上質な印象に仕上げました。

2 完成形をしっかり見せる
レシピ系の動画は"どんな料理が作れるのか"を明確に示すことが必要不可欠！ 写真は色補正をするなど、美味しそうに見せるための工夫を施すことも重要です。

もったいない！

不自然なグラデーションや黄色すぎるゴールドは安っぽい印象を与えるので要注意。

使用Font

DNP 秀英横太明朝 Std M　あイ字123

024

B

本格感はありつつ
堅すぎない絶妙バランス！

ふわとろの極意
今すぐ試したい！
14:47

極みの親子丼｜ふわとろのコツ教えます【プロのレシピ】

Good!

1 人の体温を感じる筆文字
カッチリと堅い活字ではなく抑揚のある筆文字を使って親しみやすさを。ほどよく敷居を下げることで本格的でも挑戦しやすい印象を与えます。

2 視聴者目線のコトバ
配信者からの一方的な主張よりも共感しやすい視聴者目線のメッセージを載せることで、興味を引きます。

もったいない！

すぐ試せる！

太い明朝体がギュッと並んでいると、圧が強くやや乱暴な印象を受けます。

使用Font

AB あっぱれ　あイ字123

HOT-白舟極太楷書教漢 E　あイ字123

025

3〜5ページ目

各案のプレゼン

3案それぞれのサムネに、チャンネルアイコンとタイトルを添えて掲載。実際に視聴者がサムネを見るときに近い状態をイメージしています。

「Good！」では、各デザインのアピールポイントを解説しています。

「もったいない！」では、よく見る失敗例を紹介。どんなところがもったいないのか、ひと言説明付きです。

「使用Font」では、各デザインに使用した主なフォントを掲載しています。フォントは全てAdobe Fontsで提供されているもの（※2024年3月現在）です。

料理動画らしからぬサムネで注目の的に！

極みの親子丼｜ふわとろのコツ教えます【プロのレシピ】

Good!

1 まるで美術作品！
ゴールドの額縁に、切り抜いた親子丼の写真を入れ込んでパンチのあるビジュアルに。ただ単に異端ということではなく、"プロ"や"本格的"などのキーワードにはマッチするよう留意しました。

2 文字のあしらい
作品名さながらにプレートに載せた「本物の親子丼」の文字で、さらにインパクトを強めています。

もったいない！

豪華すぎる額縁だと悪目立ちすることも。あくまでも主役は料理です。

使用Font

VDL V7明朝 EB　あい字123

026

Ch.1 料理・グルメ 01

配色Tips

プロっぽい色

色数を絞って、黒・白・ゴールドの3色だけで構成すると格調高い上質な雰囲気を演出することができます。他の色を足す場合は差し色程度に留めるのがおすすめ。シックな赤をプラスしてちょっぴり熱量を上げれば、よりキレのある印象に。

Color

他のオススメ

Color

メインカラーに有彩色を使いたい場合は、深緑などの落ち着いたカラーが◎

Color

濃いめの紫を使うと、高級料亭のような和のムード漂うプロ感を演出できます。

027

6ページ目

配色のヒント

各動画のテーマに合った配色のコツを紹介しています。おたす犬たちが作ったサムネで実際に使用している配色に加え、その他のオススメ配色も掲載しています。

▶Table Of Contents

もくじ

レンジで
10
MIN
時短メシ

ラクうま!
ちゃちゃっと
ランチに!
忙しい日の
夕飯にも!!
yumi

爆速でパスタ作る

過去イチ興奮した…
入手困難チョコレート
食リポ

やっと会えた…!
そのお味は!?

幻のアレ
180分
待ってGET

1番うまいのは
博多ラーメン
どれだ?!

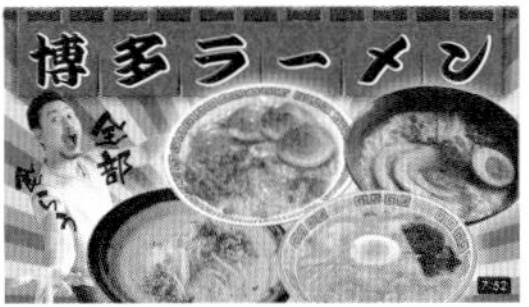

博多ラーメン
全部

レベチで
旨いやつ
発見

大阪レトロカフェ
何度でも行きたい!
なつかし喫茶店
とっておき5選

いらっしゃいませ
レトロ喫茶
で何食べる?
inオーサカ

映えアンドエモ
一歩入れば
昭和

▶Table Of Contents

もくじ

誰もいないはずの家に
ピエロがいたら…?

ビビリキング
VS
サイコピエロ

おかえり

語り尽くしクリパ
#クリスマスの思い出
#恋バナあり
#ちーちゃんの秘密暴露

メリークリスマス!

どうにでもなれッ★

最前線で活躍する
リーダーたちの共通点
Something in COMMON
LEADER

本物のリーダーとは
「人を動かす」という思考では失敗します

“できる”リーダーがやらない3つのこと
一流から学ぶ真実

▶Table Of Contents

もくじ

ビジネス
メール
基礎
For 新社会人
5:08

ビジネスメールの基本
今すぐマスター！
まず何から書く？
件名は？
CC/BCCってなに？
締めくくり方は？
5:08

私に5分ください！
どう書く？
仕事のメール
5:08

就寝前
やってはいけない
行動5選
知らずにやってる!?
9:27

寝る前のそれ…
今すぐやめて！
9:27

不幸になる!?
-就寝前のNG行動-
9:27

Kiko's English lesson!
Thema:
聞き返し方
3:46

学校で習うやつ
I beg your pardon? は、
ほぼ使わない！
3:46

なんて？
は英語で？
How do you say
3:46

節約生活
ルーティン
とある普通の休日
14:07

節約の達人の1日
朝から夜まで録ってみた。
-休日編-
14:07

節約生活
普通の休日

▶Table Of Contents

もくじ

Ch.4 運動・スポーツ

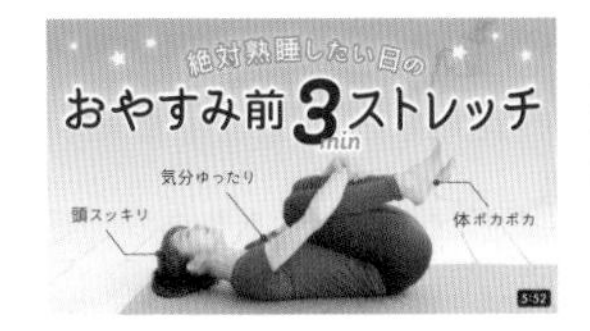

▶Table Of Contents

もくじ

▶30 掃除用品のランキング動画 206

ご注意

- 本書中の作例に登場する商品やブランド名等はすべて架空のものです。
- 紹介しているAdobe Fontsのフォントは2024年3月現在にアクティベート可能なものです。Adobe Fontsで提供されるフォントは変更される場合があります。もし、目的のフォントが見つからない場合は、他のフォントで代替してくださいますようお願いいたします。

Ch.1

料理・グルメ

▶01 本格レシピの動画

Information

動画タイトル	極みの親子丼｜ふわとろのコツ教えます【プロのレシピ】
チャンネル名	船越クッキング
内容	プロの料理人が親子丼の作り方を紹介する動画。ふわとろに仕上げるコツを、素人でも理解できるよう丁寧に説明します。料理が好きな人・料理をしっかり学びたい人向けの本格的な内容です。

うーん…
どうしようかなぁ…

飼い主さん今日も悩んでますね

おいしそ〜

料理動画はライバルが多いからサムネも工夫が必要や

サムネデザイン

A プロ感漂う力強いデザインで堂々と!

B 味のある筆文字を効かせて渋カッコよく!

C まさかの額縁で類似動画と差をつける!

A 上品さ×重厚感で説得力のあるサムネに！

船 極みの親子丼｜ふわとろのコツ教えます【プロのレシピ】

Good!

1 こだわりのゴールド

「極」を大きく載せてアイキャッチに。ゴールド部分は深みのある色を選んだり、テクスチャーを足したりして上質な印象に仕上げました。

2 完成形をしっかり見せる

レシピ系の動画は"どんな料理が作れるのか"を明確に示すことが必要不可欠！ 写真は色補正をするなど、美味しそうに見せるための工夫を施すことも重要です。

もったいない！

不自然なグラデーションや黄色すぎるゴールドは安っぽい印象を与えるので要注意。

使用Font

DNP 秀英横太明朝 Std M　あイ字123

B 本格感はありつつ堅すぎない絶妙バランス！

ふわとろの極意
今すぐ試したい！
14:47
1
2

船 極みの親子丼｜ふわとろのコツ教えます【プロのレシピ】

Good!

1 人の体温を感じる筆文字

カッチリと堅い活字ではなく抑揚のある筆文字を使って親しみやすさを。ほどよく敷居を下げることで本格的でも挑戦しやすい印象を与えます。

2 視聴者目線のコトバ

配信者からの一方的な主張よりも共感しやすい視聴者目線のメッセージを載せることで、興味を引きます。

もったいない！

ふわとろの極意
すぐ試せる！
14:47

太い明朝体がギュッと並んでいると、圧が強くやや乱暴な印象を受けます。

使用Font

AB あっぱれ	あイ宇123
HOT-白舟極太楷書教漢 E	あイ宇123

料理動画らしからぬサムネで注目の的に！

船 極みの親子丼｜ふわとろのコツ教えます【プロのレシピ】

Good!

1 まるで美術作品！

ゴールドの額縁に、切り抜いた親子丼の写真を入れ込んでパンチのあるビジュアルに。ただ単に異端ということではなく、"プロ"や"本格的"などのキーワードにはマッチするよう留意しました。

2 文字のあしらい

作品名さながらにプレートに載せた「本物の親子丼」の文字で、さらにインパクトを強めています。

もったいない！

豪華すぎる額縁だと悪目立ちすることも。あくまでも主役は料理です。

F 使用Font

VDL V7明朝 EB　あイ字123

配色Tips

プロっぽい色

色数を絞って、黒・白・ゴールドの3色だけで構成すると格調高い上質な雰囲気を演出することができます。他の色を足す場合は差し色程度に留めるのがおすすめ。シックな赤をプラスしてちょっぴり熱量を上げれば、よりキレのある印象に。

Color

他のオススメ

Color

メインカラーに有彩色を使いたい場合は、深緑などの落ち着いたカラーが◎

Color

濃いめの紫を使うと、高級料亭のような和のムード漂うプロ感を演出できます。

▶02 時短レシピの動画

0:43 / 2:35
Point タッパーの幅に合わせて折っちゃえばOK！

Information

動画タイトル	【レンジレシピ】タッパー de ほうれん草とベーコンの和風パスタ
チャンネル名	Yumi* せっかち主婦
内容	フライパンや鍋を使わず、タッパーと電子レンジだけで作れるパスタのレシピを紹介する動画。配信者は一般主婦で、時短レシピを中心に、忙しい毎日のタスクを効率的に片付けるライフハック系の動画を投稿しています。

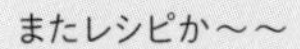

またレシピか～～

同じレシピとはいえ
こちらは"時短"

"プロ"とはまた全然
違うデザインになっ
てくるはずや！

サムネデザイン

A ひと目で伝わるシンプルイラストを主役に！

B 気軽に挑戦できそうなフランクさが肝！

C とにかく"速く作れる"ことを全力アピール！

A

イラストを上手に使って瞬時に理解させる!

【レンジレシピ】タッパーdeほうれん草とベーコンの和風パスタ

Good!

1 シンプルなイラスト

ピクトグラムのような端的でわかりやすいイラストを使えば、文字を読ませるよりも速く内容を理解してもらえます。

2 フレームで引き締め

ビビッドオレンジでぐるっと囲んで存在感UP。「何か物足りない」「いまいち決まらない」というときにおすすめの手法です。

もったいない!

簡潔ですが、普通すぎて存在感が弱く類似動画に埋もれてしまう可能性アリ。

F 使用Font

AB-babywalk Regular　あイ字123

B 手軽感や親近感を演出して「作ってみたい」と思わせる！

1
2
ラクうま！
ちゃちゃっとランチに！忙しい日の夕飯にも!!
yumi
2:35

【レンジレシピ】タッパーdeほうれん草とベーコンの和風パスタ

Good!

1 身近な小物

クリップやメモ帳など、日常生活の中で触れることの多い身近な小物を使ったコラージュ風のデザインで、親しみやすい印象を与えます。

2 キャッチコピー

「楽して美味しい料理が作れる」という文章を「ラクうま！」の4文字だけで表現しました。わかりやすさと語呂の良さがポイントです！

もったいない！

すごく簡単なのに美味しい！楽してパスタが作れるレシピ！
レンジとタッパーで時間がなくてもササッと作れる！
2:35

長文を装飾するとごちゃついて読みにくくなります。装飾文字は短文に。

使用Font

AB-kirigirisu Regular	あイ字123
TA ゆか	あイ字123

スピード感たっぷりの印象的なデザインで圧倒！

【レンジレシピ】タッパーdeほうれん草とベーコンの和風パスタ

Good!

1 残像ライン

斜めに倒した文字に線を描き足して躍動感を演出。スピーディーにパスタが完成するイメージをコミカルに表現しました。

2 あえてシンプルに

写真は料理部分だけを切り抜いて大胆に真ん中に置きました。必要以上に手を加えずシンプルに仕上げることで、文字に注目してもらうのが狙いです。

もったいない！

"シンプル"と"何もしない"を履き違えると、手抜き感のある仕上がりに。

F 使用Font

AB-clip_medium Regular　あイ字

配色Tips × + ×

美味しそうな色

暖色系には食欲増進効果があると言われています。また新鮮な野菜をイメージさせる鮮やかなオレンジや緑は、料理を美味しく見せる効果が期待できます。反対に寒色系は食欲を減退させてしまうため、注意が必要です。

Color

他のオススメ

Color

"辛み"を感じさせる赤と黄色の刺激的な組み合わせで、食欲UP！

Color

夏に食べたい冷製料理などの場合は、ポイントで寒色を使っても◎

▶03 スイーツの食リポ動画

11:59 / 14:12
ちょうどいいひと口サイズ

Information

動画タイトル	【超朗報】ディヒタの生チョコ3時間並んで手に入れたから食べる
チャンネル名	あまねのネ。
内容	日本初上陸で話題沸騰中の洋菓子店「Dichter（ディヒタ）」の、大人気チョコレートの食リポ動画。食べるシーンだけではなく、購入列に並ぶところから始まる見応えバッチリのドキュメンタリー仕立てになっています。

アイデアがまとまらない……

チョコレートと配信者、どっちを主役にするか…？

食べたい!!

主役が変わると仕上がりも別物になるやろな

サムネデザイン

A 人気にあやかってチョコレートどーん!

B 感情を誇張表現してドラマチックに!

C 二度見必至の"引き強フレーズ"で誘惑!

A 素直に視聴者が求めているものを見せる！

1 過去イチ興奮した…
2 入手困難チョコレート
食リポ
14:12

【超朗報】ディヒタの生チョコ3時間並んで手に入れたから食べる

Good!

1 主役はチョコレート

チョコレートの写真を中央に配置。さらに集中線を付け加えて視線を誘導します。

2 文字に工夫を

「入手困難」には汗や警告マーク、「チョコレート」には溶けたチョコレートをプラスしました。内容が伝わりやすくなるのはもちろん、エンタメ感が出るのでおすすめです！

もったいない！

コトバに反して淡々とした印象で、チョコレートの良さ・すごさが伝わってきません。

F 使用Font

わんぱくルイカ - 08 あイ字123

TA- 明朝 GF01 あイ字123

B ストーリーを感じさせて引き込む！

1

やっと会えた…！

2

Dichter

そのお味は!?

14:12

【超朗報】ディヒタの生チョコ3時間並んで手に入れたから食べる

Good!

1 配信者の感情を入り口に

誰にでもわかりやすいハートや涙のアイコンを使い、喜びや感動がひと目で伝わるようにしました。感情が伝わると、その前後のストーリーに興味を持ってもらうことができ、結果として動画視聴に繋がりやすくなります。

2 2つのシーンを合成

購入時のシーンを左に、実食シーンを右に置いてストーリーの流れを自然に表しました。

もったいない！

やっと手に入れたチョコ
Dichter
食リポします
14:12

感情がよくわからず、いまいち盛り上がらない印象。

使用Font

AB-kokoro_no3 Regular　あイ字123

「どれ!?」「もしやアレ?」と考えさせたら勝ち!

【超朗報】ディヒタの生チョコ3時間並んで手に入れたから食べる

Good!

1 気になるフレーズ

あえて直接的な答えを見せず、「幻」や「アレ」の文字を大きく載せて気を引きます。答えはタイトルに書いてあるので、過度に警戒されてしまうような心配はありません。

2 数字で示す

「180分」と明らかな数字で示すと、「長時間」のような具体性のない表現よりも強いインパクトを与えることができます。

もったいない!

第一印象が怪しすぎると、気を引くどころか視聴者を遠ざけてしまいます。

使用Font

源ノ明朝 Bold	あイ字123
AB-太郎 Regular	あイ字123

配色Tips

甘〜い色

ベリー系のピンクとまろやかなブラウンの組み合わせは王道の甘々カラー。チョコレートのようなコッテリとした甘さを連想させるため、バレンタインの定番配色にもなっています。メリハリが付きにくい場合は、白を間に挟むとバランスよく仕上がります。

Color

他のオススメ

Color

ブラウンの同系色でまとめると、濃厚でリッチな甘みをイメージさせる配色に。

Color

キャンディーやマカロンを彷彿とさせる、クリーミーなカラフル配色も◎

▶04 ラーメンの食べ比べ動画

Information

動画タイトル	博多ラーメン食べ比べ！出会ってしまった…運命の一杯に…！
チャンネル名	飯テロTV ／イガラシ
内容	最高の一杯を求めて博多ラーメンをとにかく食べまくる動画。豪快な食べっぷりと正直なコメントが痛快で、テンポ良く簡潔にまとめられた動画構成も魅力。誰でもサクッと気軽に観やすい内容です。

なんかパッとしないなぁ……

いろんなラーメンがあるんですね

私は塩派

動画の雰囲気に合った豪快な感じが出せると良さそやなー

サムネデザイン

A 斜め割りレイアウトで真剣勝負感！

B コミカルな表現でとにかく面白そうに！

C 見た目は強烈に、言葉はシンプルに！

A

ラーメン写真を並べて"食べ比べ"らしさを出す！

博多ラーメン食べ比べ！ 出会ってしまった…運命の一杯に…！

Good!

1 斜めのコマ割り

写真を大きく置いて斜めに分割することで、迫力のある仕上がりになります。ひとつひとつがよく見えなくても、4種類あるということが伝わればOK。

2 中華といえば「雷紋」

雷紋とは中華皿などによくあしらわれている四角い渦巻きの幾何学模様のこと。誰もが知っている定番モチーフでムードを引き立てました。

もったいない！

ラーメンの写真が小さく、地味な印象で白熱感に欠けます。

使用Font

DNP 秀英四号太かな Std Hv　あイ字123

HOT-白舟古印体教漢 R　あイ字１２３

B ラーメンがじゃじゃ〜んと飛び出してきたかのように！

博多ラーメン食べ比べ！ 出会ってしまった…運命の一杯に…！

Good!

1 漫画チックな表現

切り抜いたラーメン写真がのれんの向こう側から飛び出してきたかのような、実際の写真では表現できない派手なシーンを作り、ワクワクするようなエンタメ性を持たせました。

2 のれんをタイトルに

ラーメン屋の王道であり、身近なモチーフでもあるのれんをタイトルに使って、わかりやすくて親しみやすいサムネに仕上げました。

もったいない！

奥行きや動きが感じられない静的なレイアウトで、面白みがありません。

使用Font

TA 演芸筆 あイ字123

HOT-ゲーカイ11 教漢 R あイ字123

インパクトも機能性も
どちらも譲らない！

博多ラーメン食べ比べ！ 出会ってしまった…運命の一杯に…！

Good!

1 謎のラーメンワールド

人物の周りをラーメン写真で埋め尽くして、ギョッとするようなインパクトの強いビジュアルに。

2 言葉は単刀直入に

どストレートに動画の内容がわかる簡潔な文章をオン。世界観は強烈ですが、落ち着いて見ると実はとてもシンプルでわかりやすいサムネになっています。

もったいない！

インパクトに全振りした内容の伝わらないサムネは、よほど有名人でない限り避けるのが安全。

使用Font

DNP 秀英横太明朝 Std B	あイ字123
TA 風雅筆	あイ字123

配色Tips

中華な色

ちょっと眩しいくらいのビビッドな赤&黄色の組み合わせが中華の王道配色です。とはいえあまりにも目がチカチカするのはデザイン的によくないので、白や黒を挟んで激しさを緩和すると◎ 華やかさや重厚感がほしい場合は黄色のかわりにゴールドを使うのがおすすめです。

他のオススメ

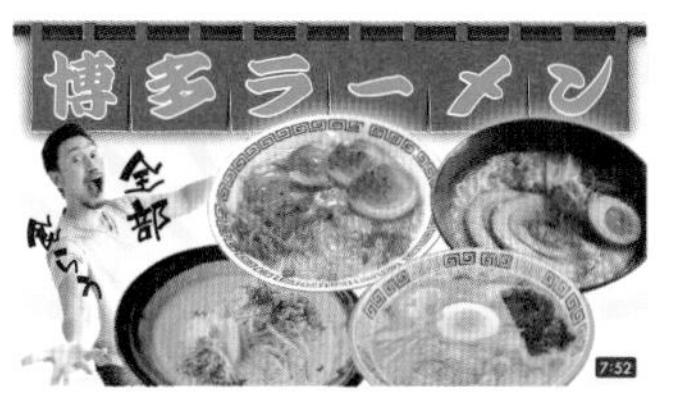

ビビッドな緑をプラスすると"町の中華食堂"のような庶民派な印象に。

高級中華なら、黒×ゴールドに鮮やかなブルーを組み合わせて。

▶05 カフェ紹介の動画

Information

動画タイトル	大阪カフェ紹介 ｜ レトロに浸ろう！推せる喫茶店5選
チャンネル名	日本全国！ぐるぐるグルメ
内容	全国各地のメンバーがそれぞれ情報を発信するグルメチャンネルの、大阪カフェ紹介編。レトロな喫茶店に焦点を絞り、選りすぐりの5店を紹介します。店の外観・内観をはじめ、おすすめメニューから店主の人柄まで、魅力をたっぷりと知ることができます。

お腹が空いてきた…
もうだめだ…

レトロカフェ！
行ってみたいです

すてき～

料理の写真がたくさんあってどれを使うか迷ってまうなぁ

サムネデザイン

A "入り口"らしくカフェ看板でお出迎え！

B 紹介メニューを惜しまず見せちゃう！

C 「これぞ！」なワンシーンをポスター風に！

A

始まりを感じさせる "表紙らしい"デザインに！

大阪カフェ紹介 ｜ レトロに浸ろう！推せる喫茶店5選

Good!

1 カフェ看板

情報をフレームに収めて鎖で吊るし、看板風のデザインに。カフェ紹介の動画のスタートにぴったりなモチーフです。

2 奥行き表現

背景にカフェの内装写真を置くことで奥行きが生まれ、手前の看板の存在感が強調されています。内装写真はあくまで背景なので、悪目立ちしないように色味を調整しました。

もったいない！

平面的なベタ塗りの背景が、看板の良さを半減させています。

使用Font

AB-clip_medium Regular　あイ宇

DNP 秀英角ゴシック銀 Std B　あイ宇123

B どれも美味しそうで カフェ情報が知りたくなる!

大阪カフェ紹介 | レトロに浸ろう!推せる喫茶店5選

Good!

1 料理全部見せ!

料理だけを見ても、どこのどんなお店で食べられるものなのかまではわかりません。ひとつでも気になる料理があれば動画を視聴してもらえる可能性があるので、それぞれがしっかり見えるように切り抜き写真を載せました。

2 あえての質問文

「何食べる?」と問いかけることで、視聴者の目を留めます。

もったいない!

文字だけでは紹介内容がよくわからず、あまり興味をそそられません。

使用Font

トレイン One Regular	あイ字123
AB-lineboard _bold Regular	あイ字123

1番ムードのある
渾身のワンシーンを厳選！

大阪カフェ紹介 ｜ レトロに浸ろう！推せる喫茶店5選

Good!

1 ベストな1枚

紹介する喫茶店・メニューの中から、王道感があって見栄えもする魅力度の高いシーンを切り取って使用。少しノイズを加えて、インスタントカメラで写したかのようなレトロ感を演出しています。

2 あえて説明はナシ！

カフェ紹介の動画だという説明はタイトルに任せ、キャッチーなフレーズを大きく載せて雰囲気重視の"魅せる"サムネに仕上げました。

もったいない！

ありがちなレイアウトですが、もう少し心にグッとくるインパクトが欲しい印象。

使用Font

AB-gagaku_b Regular	あイ字123
AB-quadra Regular	あイ字123

配色Tips

レトロな色

レトロな雰囲気を出したいときは、彩度は高め・明度は中〜やや暗めのハッキリとしたカラーを使います。あまりカラフルにしすぎず、2〜4色程度に絞るとそれっぽさUP！ 眩しいイエローを差し色として使うとポイントになり、印象的なデザインに仕上がります。

Color

他のオススメ

Color

オレンジ寄りのイエローとネイビーで作る、カジュアルで元気なレトロ配色。

Color

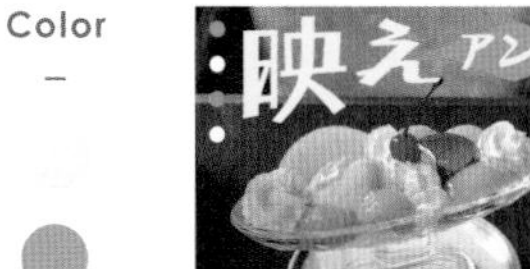

明るいイエローやピンクを組み合わせると、レトロファンシーなイメージ。

ⓘ Help よくあるお悩み

レイアウト フォント① フォント② 文字色 画像

レイアウトに時間がかかる

難しく考えず、まずは定番レイアウトに落とし込んでみるのがおすすめです。ベースは見慣れたレイアウトでも、文字や画像の使い方にこだわれば、最後には唯一無二のサムネが出来上がります。

王道中央揃え

Sample

安定感のある上下分割

Sample

使いやすい2分割

Sample

中央を目立たせる3分割

Sample

動きのある対角配置

Sample

Ch.2

▶

エンタメ・バラエティ

▶06 トランプ真剣勝負の動画

Information

動画タイトル	本気でポーカーしたらとんでもないことになってしまいました。
チャンネル名	近畿道中膝栗毛
内容	同じ大学で出会った仲良し4人組が、難解なパズルやクイズなどの頭脳系ゲームに全力で挑むチャンネルです。この動画ではトランプゲーム「ポーカー」の真剣勝負を行いますが、白熱しすぎて大揉めしてしまう展開に。4人の心理戦が楽しめます。

大揉め!?
一体どんなノリの
サムネにすれば…

揉めると言ってもあ
くまで冗談の範囲内
ですからね

おもしろ動画にハプ
ニングは付き物や!

サムネデザイン

A 「真剣」と言いつつエンタメ感たっぷりに！

B トランプになったメンバーがキャッチー！

C 「解散」の文字で野次馬心を掻き立てる！

A

フォントやあしらいを工夫してあくまで楽しげに！

本気でポーカーしたらとんでもないことになってしまいました。

Good!

1 背景にトランプ

賑やかな雰囲気の演出に加え、ひと目でトランプゲームの動画だとわからせる効果もあります。

2 長音記号は縮めてOK

文字を大きく扱うと、長音記号（伸ばし棒）が妙に長く見えてしまうことがあります。デザイン的にも間延びしがちなので、ぎゅっと縮めたり、隣の文字に重ねたりしてバランスを取ると◎

もったいない！

フリとして本気の真剣ムードに振るのも○ですが、この手のサムネはとても多く埋もれる可能性大。

使用Font

TA 演芸筆	あイ字123
VDL ロゴJrブラック BK	あイ字123

B 童心を思い出させることで視聴意欲を高める作戦！

本気でポーカーしたらとんでもないことになってしまいました。

Good!

1 トランプは簡素でOK

トランプだということが伝われば、最低限の描写で十分。凝ったつもりがゴチャゴチャと見づらくなっていないか注意が必要です。

2 子供っぽい言葉遣い

子供の遊びを連想させるような言葉を使って、懐かしさやワクワクする気持ちを呼び起こします。

もったいない！

トランプ記号が見えないと、トランプであるということが一気に伝わりづらく…。

使用Font

ロックンロール One Regular	あイ宇123
Zen Maru Gothic Black	あイ宇123

目元だけをアップにして緊迫している風に！

本気でポーカーしたらとんでもないことになってしまいました。

Good!

1 尖ったフォント

三角形を組み合わせたような、勢いのあるフォントを使って危機感を演出しました。

2 画面を4分割

文字と黒のギザギザラインで4人をエリア分けして、仲間割れしているかのように見せています。

もったいない！

太めのゴシック体は万能ですが、感情を伝えたいシーンでは不十分な印象。

使用Font

レゲエ One Regular	あイ字123
AB-tyuusyo bokunenn Regular	あイ字123

配色Tips

にぎやかな色

彩度高めのビビッドカラーを組み合わせるとワイワイにぎやかな印象に。なるべく同系色は避け、明らかに色相の異なる色をチョイスするのがコツです。ただしあまりカラフルすぎると素人っぽい印象を与えかねないため、色数は3色程度がおすすめです。

Color
–

他のオススメ

迷ったら寒色、暖色、中間色から1色ずつ選ぶとバランスが取りやすくて◎

補色を隣り合わせで使うとさらにド派手な印象に。ハレーションに注意。

▶07 列車旅の検証動画

Information

動画タイトル　【青春18きっぷ】シンプルにどこまで行けんの?【検証】

チャンネル名　510の部屋

内容　青春18きっぷを使って始発から有効時間内まで電車を乗り継ぎ続け、どこまで遠くに行けるのかを検証する動画。トークは多めですが顔は出さないスタイルの配信者で、"日常の延長"風のユルくてちょっと和める動画を定期的に投稿しています。

電車の写真をどう盛り上げようかな

お次は検証系ときましたか

ちゃんとお家に帰れたのかなぁ

電車かぁ…
ええコト思い付いちゃったかもー!

サムネデザイン

A 列車旅にぴったりな切符風タイトルロゴ！

B 時の経過を写真で見せて長旅アピール！

C 電車が突き進んでいくイメージを表現！

情報をコンパクト且つシンボリックにまとめて！

510 【青春18きっぷ】シンプルにどこまで行けんの？【検証】

Good!

1 あくまで切符風

リアルさを追求すると、地味すぎて全体の印象が弱まったり文字が小さくなりすぎたりする可能性アリ！ 切符らしさのある土台の上に文字がはみ出るようにあしらい、目立たせることを優先しました。

2 電車の定番写真

小さなサイズで見ても電車の動画だとわかるように、「電車といえば」な線路を走ってくる見慣れたシーンの写真を全面に敷きました。

もったいない！

切符らしさを優先するなら、タイトルロゴは別に用意しないと成り立たなさそう。

使用Font

AB-tombo_bold Regular	あイ宇123
AB-hiro Regular	あイ宇123

B ビジュアル表現のほうが文字だけよりも伝わる!

510 【青春18きっぷ】シンプルにどこまで行けんの?【検証】

Good!

1 朝と夜のコントラスト

2つのものを対比させたいときはしっかりと差を出すことが大切。明らかな変化を感じられるように、写真&文字の色に気を使いました。

2 線路のフレーム

サムネ全体をぐるりと囲み、どこまでも続く長旅のイメージを表現しています。

もったいない!

朝と夜の差が弱く、対比の効果が十分に発揮されていません。

使用Font

AB-kokoro_no3 Regular　あイ字123

「どこまで行ったの?」と思わせるパワフル感が要!

510 【青春18きっぷ】シンプルにどこまで行けんの?【検証】

Good!

1 文字を変形

背景の放射ラインに合わせて、外側に広がっていくような形状に一文字ずつ変形。勢いと躍動感をUPさせました。

2 小ネタを忍ばせて

よく見ると行先表示器に、青春18きっぷにちなんだメッセージが。大胆なサムネほど細部の工夫に目が向きやすく効果的です。

もったいない!

平面的な文字がせっかくの電車の勢いを抑制してしまっている印象です。

F 使用Font

TA-F1ブロックライン　あイ字

AB-polcadot Regular　あイ字 123

配色Tips

青春っぽい色

「爽やか」「フレッシュ」「若々しい」などのキーワードから連想する、クリアな黄緑やイエロー系の色を使うと青春のイメージにぴったりな配色を作ることができます。締め色として青をポイント使いするとグッと存在感が強まりバランスの取れた仕上がりに。

Color

他のオススメ

Color

イエローの代わりにオレンジを使うと、温かみがプラスされて優しい雰囲気に。

Color

マイルドなピンク×ブルーで作る、おしゃれなティーン向け青春カラー。

▶08 チャレンジ動画

Information

動画タイトル	【神展開】電話指示だけで遠隔おつかいできるかな? in Hawaii
チャンネル名	みやたむ channel
内容	口頭で相方を遠隔操作し、目的のお土産を買うことができるかチャレンジする動画。電話する側は地図やネットの情報などを元に指示を出しますが相手側の映像を見ることはできません。噛み合わないやりとりや、まさかの結果に爆笑必至の展開です。

う〜〜〜ん難しい!

企画からして面白そうですねー!
キャハハ
難しく考えずに楽しいサムネ作ったらええんちゃう?

サムネデザイン

A 矢印や吹き出しを使って企画内容を示す!

B 丸っこいタイトルロゴで親しみやすく!

C 購入品をシルエット化して好奇心を刺激!

A 伝わりづらい企画を最低限の情報量で説明！

【神展開】電話指示だけで遠隔おつかいできるかな? in Hawaii

Good!

1 動きを付けて楽しげに

文字を曲線状に入れる、ひと文字ずつ角度を変えるなど、意識的に動きが出るようにレイアウトしました。

2 シャドウの向きを統一

細かい話ですが、シャドウを多用しがちなサムネデザインで特に注意したいポイントです。3つの文字にそれぞれ異なるシャドウを付けていますが、方向は全て下で統一しています。これがバラバラだと素人っぽく見える原因になるので要注意！

もったいない！

説明＝退屈な印象を与えがちなので、レイアウトや見せ方でそれを打破する工夫が必要。

F 使用Font

Gelica SemiBold Italic	ABab123
M+ 2c black	あイ字１２３

B 子供っぽいタイトルロゴがちぐはぐでおもしろい！

【神展開】電話指示だけで遠隔おつかいできるかな？in Hawaii

Good!

1 ほんのりグラデ

文字を特大サイズで載せる場合、ベタ塗りだとなんだか物足りない仕上がりになることも。そんなときはほんの少し濃淡を付けるだけで、表情が付いてのっぺり感を解消できます。

2 人物写真の使い方

女性は丸窓で囲って男性がいる場所と切り分けました。他の場所から遠隔で指示を出しているということがひと目で伝わります。

もったいない！

にぎやかな写真の上に文字を置くときは、フチを付けるなど読みやすくするための工夫を。

使用Font

TA_kasanemarugo Regular　あイ字123

Yellowtail Regular　ABab123

一体なにを買ったのか?!
答えあわせがしたくなる!

【神展開】電話指示だけで遠隔おつかいできるかな? in Hawaii

Good!

1 シルエットもにぎやかに

シルエットが占める面積の割合が広いため、ただの単色ベタだと単調な印象に。貝やヒトデの総柄をあしらって盛り上げました。

2 多色グラデ

色数の多いグラデーションをステキに仕上げるのは意外と高難度。隣り合う色同士が混ざり合った時に濁って汚く見えていないか気を配ることがポイントです。

もったいない!

シルエットの形状があまりにもわからなさすぎると、返って興味をそぐ可能性も。

使用Font

AB-tombo_bold Regular　あイ宇１２３

配色Tips

南国の色

南国といえば、眩しい海や空、太陽、ヤシの木、マリンスポーツにショッピング…などワクワクするようなイメージが湧いてきます。そんなムードを表現するには、鮮やかでエネルギッシュなビタミンカラーがぴったり。画像も彩度高めに補正して、トーンを合わせるとバッチリです。

Color

他のオススメ

Color

エメラルドグリーンを主役にした清涼感のある配色で軽やかに。

Color

大人っぽさを出すなら、濃いめのオレンジ×差し色のネイビーでムーディーに。

▶09 虫食いクイズ動画

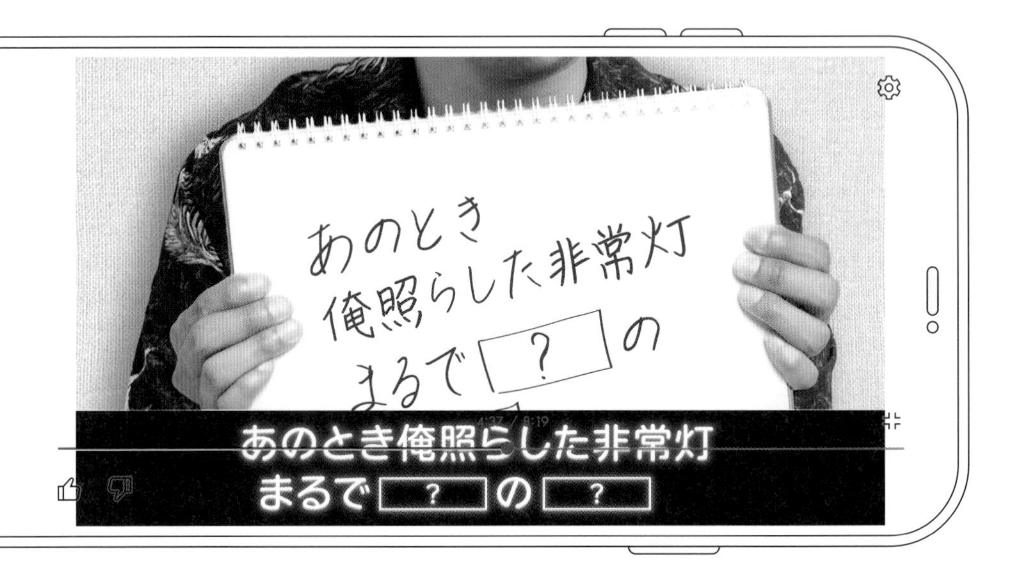

Information

動画タイトル	ラップのリリックを虫食いクイズにしたら爆笑通り越して感動が生まれた
チャンネル名	底抜けジャックポッツ
内容	既存のラップの歌詞で虫食いクイズを作り、メンバー同士で出し合う動画。"韻"をヒントに答えを考えていくうちに大喜利大会が始まってしまう中、ハイクオリティな新しい歌詞が誕生するという奇跡が。お笑い芸人顔負けのおもしろ動画です。

考えすぎてわからなくなってきた…

これはもうサムネから笑わせにいくしかないですね！

Yo Yo

見事笑わせられれば再生間違いなしや！

サムネデザイン

A 思わずツッコミたくなる補足付きタイトル！

B プロ気取りで馴れ馴れしく語りかける！

C オチの部分をあえて表紙にもってくる！

カッコいいラップバトル…と見せかけて虫食いクイズ！

ラップのリリックを虫食いクイズにしたら爆笑通り越して感動が生まれた

Good!

1 タイトルロゴの存在感

個性的なドーム型×アーチに添わせた立体的なグラデーションで、遠目に見てもよく目立ち、インパクトのあるタイトルロゴに仕上げました。

2 エリア分け

人物写真は3つのエリアに分けて載せることで、三つ巴のバトルであることをわかりやすく表しています。

もったいない！

全てのワードを同等レベルで羅列した例。読みづらい上に捻りもなく、残念です。

使用Font

AB-countryroad Regular	あイ字123
FOT-UD角ゴC60 Pro B	あイ字123

B 強気なメッセージを綴って茶番感で笑わせる！

1 ・・・・・・ 2

ラップのリリックを虫食いクイズにしたら爆笑通り越して感動が生まれた

Good!

1 ネオンデザイン

フチ文字に鮮やかな光彩を付けて、クールなネオンデザインに。

2 ライブハウス風

本当のラップバトルさながらに、ステージ写真を背景に合成。より茶番感を強めておもしろ可笑しく見せることで期待度を高めます。

もったいない！

細めのフォントはネオンらしく仕上がりますが、弱々しく訴求力に欠けます。

使用Font

VDL ラインGアール-pop FutoLine あイ字123

1番面白いところを
大胆にクローズアップ！

1

2

ラップのリリックを虫食いクイズにしたら爆笑通り越して感動が生まれた

Good!

1 インパクト最優先！

「何だかよくわからないけど、とにかくおもしろそう！」と感じてもらうことが狙い。あえて俗っぽい言葉を選び、ダイナミックに載せて注目度を高めました。

2 ギャグに振り切る

光彩をあしらった人物写真に、光を放っているかのような背景を付けて神々しい"誕生シーン"をイメージ。

もったいない！

画数の多い漢字は、個性的なフォントだと読みづらいケースが多いので注意が必要です。

F 使用Font

KSO 黒龍爽	あイ字123
ニタラゴルイカ - 06	あイ字123

配色Tips ×　＋ ×

サイバーっぽい色

近未来やSFを彷彿とさせるようなクールなイメージを表現するなら、サイバー感のある配色がおすすめです。本書は印刷物なので表現できないのが悔やまれますが、RGBならではの眩しく明るいネオンカラーをバチっと効かせると効果大！

Color
–

他のオススメ

Color
–

メインの文字には、ひときわ目を惹く彩度の高い色を使うと◎

Color
–

黒背景でコントラストを強めればさらに蛍光感がUP。グラデーションをうまく使って。

▶10 ホラードッキリの動画

3:14 / 9:02
早くしないと帰って来ちゃうw

Information

動画タイトル	お疲れの友達をピエロ姿でお出迎えしてみたwww【ドッキリ】
チャンネル名	ゴージ（Gohji）
内容	外出中の友人の家に配信者が忍び込みホラードッキリを仕掛ける動画。ターゲットにされてしまったビビリな友人の、期待を裏切らないリアクションが見どころです。準備段階のドタバタ劇も楽しめます。

おっと本業のほうのメールが…

ドッキリ動画もライバルが結構多いんですよね

こわ〜

こういうのはちまちまやらずにバーンと仕上げるのが吉や！

サムネデザイン

A 文字をガタガタに敷き詰めて緊迫感!

B 衝撃のビビリ顔をでかでかと載せる!

C まずは視聴者を驚かせるところから!

A

心情を表すかのような不安定なレイアウト!

お疲れの友達をピエロ姿でお出迎えしてみたwww【ドッキリ】

Good!

1 文字でムード作り

合わないパズルを無理やりはめ込んだかのような不快感のある文字列。さらに画面いっぱいに拡大することで圧迫感をプラスして、正気ではないムードを演出しました。

2 不明瞭→不安→恐怖

ピエロの写真はあまり見えないように暗くして見切れさせることで、不気味さを高めています。

もったいない!

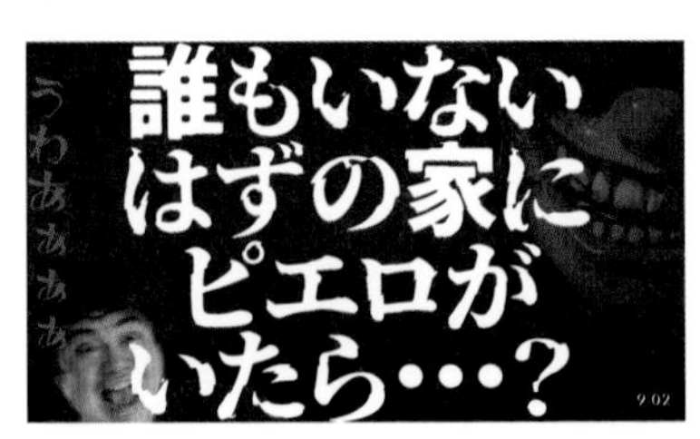

安定感のある中央揃えのレイアウトでは迫力不足な印象です。

使用Font

異世ゴ	あイ字123
AB-tyuusyobokunenn Regular	あイ字123

B 怖さだけじゃなく おもしろ要素もアピール！

お疲れの友達をピエロ姿でお出迎えしてみたwww【ドッキリ】

Good!

1 キャッチーなネーミング

あくまでギャグ企画であり、笑ってもらうことが動画の趣旨。怖さ全振りのサムネにならないよう、ギャグっぽい名前を付けておもしろ感を出しました。

2 2人の顔を対比させる

同じサイズででかでかと並べて対比させることで、よりおもしろみが増しています。

もったいない！

バストアップの写真だと、1番注目してほしい"顔"の印象が薄れうまみが伝わりません。

F 使用Font

AB-doramin Regular　あイ字123

HOT-白舟古印体教漢 R　あイ字１２３

視聴者にターゲットの疑似体験をさせちゃう！

お疲れの友達をピエロ姿でお出迎えしてみた www【ドッキリ】

Good!

1 怖いフォント

細めの明朝体は緊張感があり、ホラーな雰囲気にぴったり。かすれや滲み、ガタつきがあるフォントならさらにムードが引き立ちます。

2 物々しい雰囲気

血痕をあしらい、あえて大袈裟に恐ろしく見えるように演出することで視聴者の気を引きます。

もったいない！

同じ明朝体でも、太さや細部の処理が異なるだけで印象はまるで違うものに。

使用Font

DNP 秀英にじみ明朝 Std L　あイ宇123

FOT-スーラ ProN DB　あイ宇123

配色Tips

ホラーな色

紫には不安を煽る効果、黒には恐怖を感じさせる効果があります。画像も含めて全体的に彩度・明度低めでまとめれば薄暗くて不気味な雰囲気に。ただし全体が暗すぎて見づらくならないように、文字に白フチを付けるなど視認性・可読性への配慮を忘れずに。

他のオススメ

Color

真っ黒地に真っ白&金赤の高コントラスト配色なら衝撃度MAX。

Color

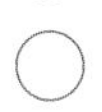

青みのグレーにぼんやりと浮かぶ青白い光で背筋が凍りつきそう!

▶11 クリスマストークの動画

Information

動画タイトル	【クリスマス】手作りご飯食べながらぶっちゃけトーク【爆語り】
チャンネル名	みっくすじゅーす
内容	4人の現役女子大生がファッション・グルメ・ネタ系などバラエティに富んださまざまな動画を配信するチャンネルのクリスマス企画。手作りパーティーを催しますが、年末ならではの開放感からトークが次第にエスカレート！　暴露話が飛び交います。

ありきたりなデザインになっちゃうなぁ

女子トーク、相当盛り上がったみたいですね

わかる～

年末だし何でもアリ！みたいなテンションってことやな

サムネデザイン

A

気になるトークの"もくじ"をちょい見せ！

B

カメラ目線×ビッグヘッドで画力UP！

C

暴露度の高さを感じるヤケクソなひと言！

A

視聴者の興味を引きそうな項目をピックアップ！

語り尽くしクリパ

1

#クリスマスの思い出
#恋バナあり
#ちーちゃんの秘密暴露

2

26:02

【クリスマス】手作りご飯食べながらぶっちゃけトーク【爆語り】

Good!

1 文字と写真の位置関係

楽しそうではあるものの、人物が小さくて低密度なこの写真。間を埋めるように文字を置いて、寂しげな印象にならないようにまとめました。

2 細部のあしらい

もくじの下の帯にはリボン風のVカットを施しました。退屈感を回避しつつ、パーティーらしい雰囲気にもマッチしています。

もったいない！

派手な文字だけが浮いていて、ますます写真が貧弱に見えます。

使用Font

Kaisei Decol Bold	あイ字123
モッチーポップ Regular	あイ字123

B 目が合ったらあなたも パーティーの参加者！

【クリスマス】手作りご飯食べながらぶっちゃけトーク【爆語り】

Good!

1 頭を合成

人物写真の目線はこちらに向いているほうがインパクトが強まります。思い切って頭だけを大きく配置したことで、印象的でコミカル＆ポップな世界観になりました。

2 コンフェティで盛り上げ

よく見るとクラッカーを鳴らしているシーンですが、あまり伝わりません。イラストのコンフェティを散らして、華やかさをUPしました。

もったいない！

わざわざ合成しても元の小さいサイズに合わせるとあまりインパクトが強まりません。

使用Font

めもわーる - しかく　あイ123

"ヤケになるほどの暴露話"
気にならないわけがない！

【クリスマス】手作りご飯食べながらぶっちゃけトーク【爆語り】

Good!

1 文字を上からON!

太めに取ったフレームに文字を重ねることで前後関係が生まれ、メインの文字が全てをかき消しているかのような見え方に。自暴自棄感を強めました。

2 焦らし技

背景にはトークの内容を羅列。視聴者が気になりそうなギリギリのラインを狙い、全てを書き切らずに見切れや伏せ字で隠しています。

もったいない！

上に重ねる文字が細身のフォントだと、あまりかき消している感じが出ずバランスも△

使用Font

コーポレート・ロゴ ver2 Bold	あイ字１２３
りょう Text PlusN M	あイ字１２３

配色Tips

クリスマスの色

クリスマスの配色といえば赤×緑がテッパンですが、ひと口に赤、緑と言っても色味はさまざま。ちょっとした差で雰囲気をコントロールすることができます。このサムネでは赤をピンク寄りに調整することで可愛らしさを演出しています。ゴールドでパーティーらしい華やかさを添えて。

Color

–

他のオススメ

Color

–

おもちゃみたいな明るいカラーを揃えれば元気いっぱいのクリスマスに。

Color

–

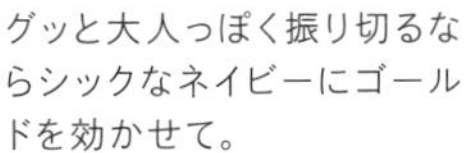

グッと大人っぽく振り切るならシックなネイビーにゴールドを効かせて。

? Help よくあるお悩み

レイアウト　**フォント①**　フォント②　文字色　画像

フォント選びがうまくいかない

直感的に言葉のイメージに合いそうだと思うフォントを複数探し、その中からサムネサイズで使ったときに読みやすいものを選ぶと失敗しません。2つのポイントをクリアした、使いやすいフォントを紹介します。

重大発表
AB-quadra Regular

ご報告
貂明朝テキスト Regular

神回
VDL 黒明朝 M

大優勝
AB-doudoukaisyo Regular

閲覧注意
金畫字 Normal

大暴走
TA 演芸筆 Regular

検証
AB-lineboard_bold Regular

やってみた
めもわーる - まる Regular

即帰宅
黒薔薇ゴシック heavy

ガチ泣き
Dela Gothic One Regular

ドッキリ
Otomanopee One Regular

衝撃事実
異世明 Regular

Ch.3

▶

勉強・自己啓発・雑学

▶12 ビジネススキルアップの動画

一流リーダーの思考
16:06 / 26:14
つまりそういった
今世界で現役で活躍しているリーダーの

Information

動画タイトル	リーダーになりたい/なったあなたに伝えたい。#ビジネス力向上
チャンネル名	小埜寺旭のビジネススキルch【風林火山】
内容	起業家であり自身の立ち上げた会社の代表取締役を務める配信者が、「リーダー」をテーマに熱く語る動画。同チャンネルでは、主にビジネスでのスキルアップに繋がる知識・行動・信念などを発信しています。

類似動画とデザインかぶったー…

知的さを感じるサムネにしたいですね

びじねすぅ?

興味を持ってもらうための仕掛けも必要かもしれへんな

サムネデザイン

A 複雑な文字配置でハイレベル感を演出！

B 動画中の印象的なメッセージをピック！

C あえての否定表現で関心度UPを狙う！

A 大小・縦横・英和…さまざまな文字で構成！

Good!

1 可読性

ただ単に複雑だから良いというわけではなく、複雑そうに見えてスラスラ読めるところが最大のポイントです。自然な目線の流れに沿って文章が続くように心がけました。

2 英語は装飾

ここに載せている英語は"スマートな印象を与えるための要素"であり、あくまで装飾です。サイズ感やレイアウトの工夫で存在感が強くなりすぎないように調節しました。

もったいない！

どの順で読めばいいか迷ってしまうような文字配置はNG。

使用Font

DNP 秀英アンチック Std B	あイ宇123
Le Monde Livre Std Regular	ABab123

B 整ったタイトルよりも "生のコトバ"が心に響く!

リーダーになりたい/なったあなたに伝えたい。#ビジネス力向上

Good!

1 メッセージは情緒的に

機械的に整ったゴシック体よりも抑揚のある明朝体、整然と並べるよりも大小を付けて斜体をかけるなど、程よく動きを持たせることで情緒的なムードを演出することができます。

2 文字要素の差別化

メッセージと他の文字要素が混同してしまわないよう、フォント・色・置き方など全てに違いを持たせて明確に差別化しました。

もったいない!

淡々としたゴシック体にベタッとした色使いが雑な印象で、心に響きません。

使用Font

VDL V7明朝 EB	あイ宇123
VDL V7ゴシック B	あイ宇123

「やる」より「やらない」ことのほうが気になる説！

リーダーになりたい／なったあなたに伝えたい。#ビジネス力向上

Good!

1 圏点で強調

注目してもらいたいワードに圏点を打つだけで、派手に飾り付けなくてもスマートに強調することができます。

2 サブタイトル

控えめに添えた「一流から学ぶ真実」の文字。なくても動画の内容は伝わりますが、あると説得力が増します。メインの文字に目を留めてくれた人に次のアクション（＝視聴）を起こさせるための"最後のひと押し"の役割を担っています。

もったいない！

圏点を乱用すると効果が薄れます。1番強調したい場所を厳選しましょう。

使用Font

平成明朝 Std W9　あイ宇１２３

配色Tips

ビジネスっぽい色

ビジネス系のサムネには、誠実さ・知性を感じさせる効果のある青を使った配色がおすすめです。水色と組み合わせることで、「明るい未来」や「グローバル」といった印象を与えることもできます。色数は2色+無彩色程度に絞ったほうがビシッときまります。

Color

他のオススメ

Color

もう少し親しみやすい印象に仕上げたいなら、パキッと明るいオレンジを。

Color

ビビッドレッド×モノトーンで作る、先鋭的でスタイリッシュな配色はインパクト大。

▶13 マナー講座の動画

Information

動画タイトル	【ビジネスマナー】メールの書き方 基礎基本！【5分でわかる】
チャンネル名	いまどきマナー講座 神崎ユリ
内容	マナー講師が教える、ビジネスメールの書き方動画。忙しい人や気軽さを求める若者でもサクッと短時間で視聴できるように、要点をギュッとまとめた【5分でわかる】シリーズの中のひとつです。

マナーならキッチリ
真面目系だな…！

飼い主さんの考え方
ちょっと心配です

堅苦しいの
ヤダ〜

サムネがお堅すぎる
印象だと見てもらえ
んやろな

サムネデザイン

A 知的なシンプルデザインで若者ウケ◎!

Business Mail
ビジネス
メール
基礎
For 新社会人
5:08

B 視聴者目線の疑問を載せて共感を呼ぶ!

ビジネスメールの基本
今すぐマスター!
まず何から書く?
件名は?
CC/BCCってなに?
締めくくり方は?
5:08

C メール風のタイトルでとっつきやすく!

私に5分ください!
ビジネスマナー
どう書く?
仕事の
メール
5:08

A 色ベタ+でか文字なら シンプルでも目立つ！

Good!

1 ひと手間切り抜き

スマートな印象を与える斜めのラインでトリミング。四辺全てを直線で囲うのではなく被写体の一部だけを形に沿って切り抜けば、気の利いた垢抜けデザインが作れます。

2 シンプル+ワンポイント

大きめに配置したシンプルなタイトルには、初心者マークを組み合わせてちょっとしたアクセントに。

もったいない！

写真の切り抜きや初心者マークなど、ちょっとしたあしらいが無いだけで大きな差が出ます。

使用Font

FOT-筑紫丸ゴシック Std B	あイ字123
Mina Regular	AaBb123

B 「あ、これ知りたい!」を引き出して視聴率UP!

【ビジネスマナー】メールの書き方 基礎基本!【5分でわかる】

Good!

1 疑問は具体的に

視聴者にピンポイントで刺さるよう、吹き出しの疑問はできるだけ具体的に書きました。

2 透かし色帯

タイトル下に敷いた色帯は、背景が少し見えるよう半透明に。写真全体の雰囲気を損なうことなくタイトル部分を強調することができます。

もったいない!

吹き出しの文章が長すぎます。具体性も重要ですが、短く簡潔にまとめるのがベスト。

使用Font

貂明朝テキスト Regular	あイ宇123
Noto Sans CJK JP Medium	あイ宇123

遊び心をプラスして
視聴のハードルを下げる！

2
私に5分ください！
ビジネスマナー
どう書く？
仕事の
メール
1
5:08

【ビジネスマナー】メールの書き方 基礎基本！【5分でわかる】

Good!

1 とっつきやすさ

お堅い印象の「マナー」ではなく、今回のテーマである「メール」のほうにフィーチャー！ 動画の内容から離れずに、若者でも受け入れやすい印象に仕上げることを目指して振り切りました。

2 曲線文字

人物に沿って曲線状に文字を入れると、吹き出しなどを使わなくてもセリフのように見せることができます。

もったいない！

とっつきやすさだけを考えた場合のNG例。題材・テーマから外れすぎないよう要注意。

F 使用Font

AB-digicomb Regular　あイ字１２３

FOT- セザンヌ ProN M　あイ字123

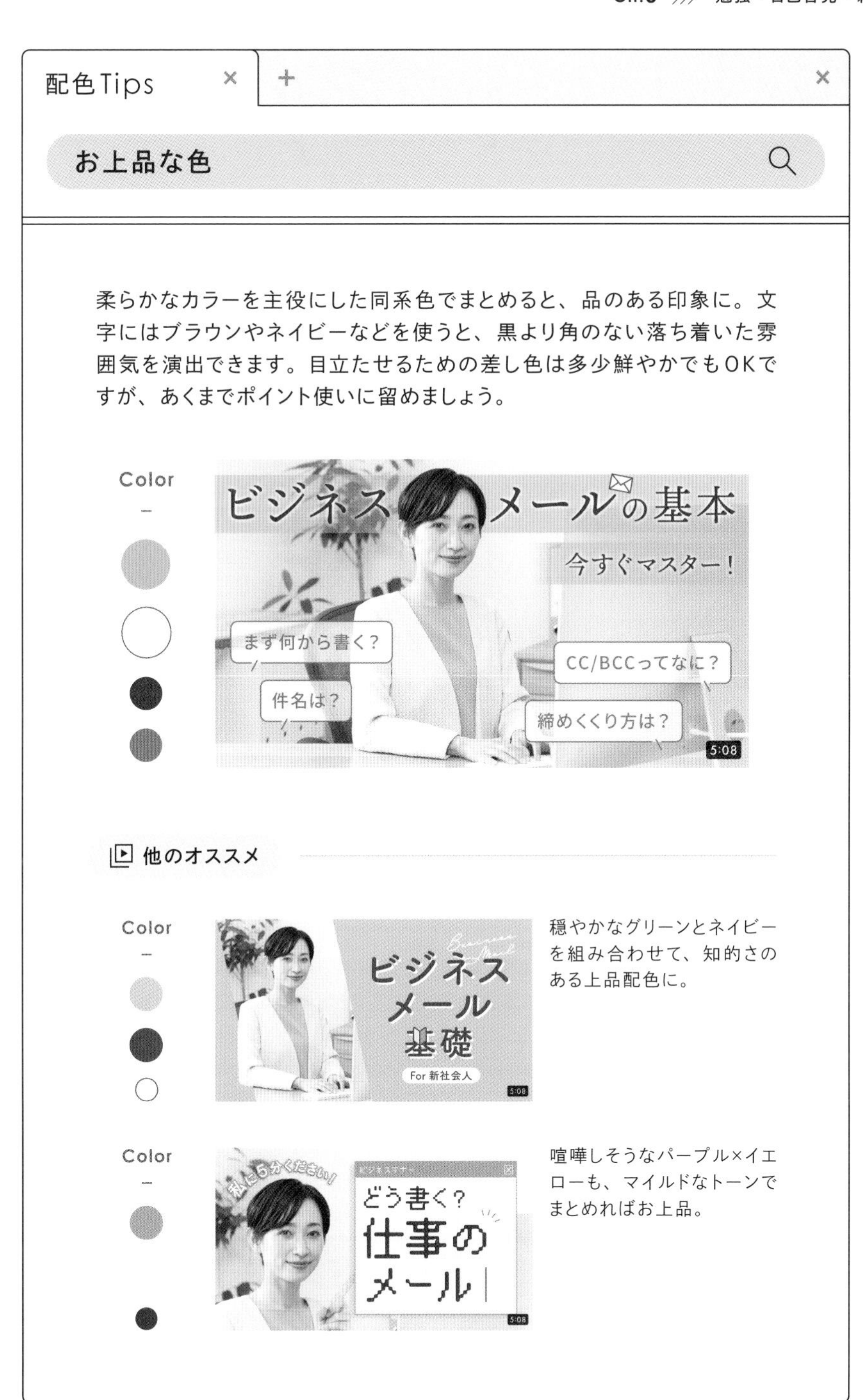

配色Tips

お上品な色

柔らかなカラーを主役にした同系色でまとめると、品のある印象に。文字にはブラウンやネイビーなどを使うと、黒より角のない落ち着いた雰囲気を演出できます。目立たせるための差し色は多少鮮やかでもOKですが、あくまでポイント使いに留めましょう。

Color
ビジネスメールの基本
今すぐマスター！
まず何から書く？
件名は？
CC/BCCってなに？
締めくくり方は？
5:08

他のオススメ

Color
ビジネスメール基礎
For 新社会人
5:08

穏やかなグリーンとネイビーを組み合わせて、知的さのある上品配色に。

Color
私に5分ください！
ビジネスマナー
どう書く？
仕事のメール
5:08

喧嘩しそうなパープル×イエローも、マイルドなトーンでまとめればお上品。

▶14 ライフハック系雑学の動画

5:26 / 9:27
特に良くないのが実はSNSですね

Information

動画タイトル　【要注意!】寝る前についやりがちなNG行動5つ解説

チャンネル名　なかしょーチャンネル

内容　就寝前に行うと脳やメンタル、身体に悪影響が出るとされる行動を紹介・解説。配信者は他にも、日常生活や仕事など身近なシーンで役立つ幅広いジャンルの雑学動画を多数発信しています。心理学をベースにしたスッと腑に落ちる解説が魅力です。

"注意"と言えば
黄色と黒だよな…

確かに黄色と黒の配
色は定番ですよね!

問題は配色以外でど
うやって注意を促す

サムネデザイン

A 夜の背景に黄色文字で警鐘を鳴らす!

B 見る人に訴えかけて"我が事感"を持たせる!

C 極端なワードを載せてドキッとさせる!

A コントラストを効かせて バッチリ目立たせる！

【要注意！】寝る前についやりがちなNG行動5つ解説

Good!

1 太字でストレートに！

凝った文字組でなくても、うまく収まっていれば読みやすくて存在感のあるサムネを作ることができます。「やってはいけない」だけを黄色にすることでアイキャッチの役割を持たせました。

2 夜の背景

暗闇に月を浮かべて夜らしいイメージに。文字より一段階暗い黄色がポイントになり、全体がバランスよくまとまりました。

もったいない！

就寝前
やってはいけない
行動5選
知らずにやってる!?
9:27

全ての文字を黄色にするのは返って読みにくい印象。メリハリを大切に。

使用Font

わんぱくルイカ-08	あイ字123
ロックンロール One Regular	あイ字123

B 話しかけるような口調でスクロールの手を止める！

【要注意！】寝る前についやりがちなNG行動5つ解説

Good!

1 禁止マーク

文字の後ろに大きな禁止マークを組み合わせました。「ストップ！」の気持ちが瞬時に伝わります。

2 テクスチャーをプラス

雰囲気に合ったテクスチャー画像を背景として使うと、深みが出て印象的なサムネになります。文字や写真を邪魔しないように控えめに扱うのがコツです。

もったいない！

テクスチャーやグラデーション、影などがないとチープな印象を与えます。

使用Font

AB-tsubaki Regular	あイ字123
コーポレート・ロゴ ver2 Bold	あイ字123

見ないと今夜眠れない!?
不安を煽って視聴に誘導!

【要注意!】寝る前についやりがちなNG行動5つ解説

Good!

1 危険表示テープ

黄色と黒の縞模様でおなじみの、危険を知らせるテープをランダムに配置。鬼気迫るムードを演出しています。

2「!?」で言い切り回避

「不幸になる!」とハッキリ言い切ってしまうのはちょっとリスキーです。そんなときは「!?」を付け足すことで、言い切らずとも気迫を感じさせることができます。

もったいない!

「かも」などの曖昧な表現は期待値を下げることになるため避けるのがベター。

使用Font

源界明朝	あイ字123
平成角ゴシック Std W9	あイ字123

配色Tips

注意喚起の色

注意喚起と言えば、踏切や工事現場などでよく見かける黄色と黒の組み合わせが絶対です。他の色は極力使わずモノトーンで仕上げると迫力のある仕上がりに。色数が少なくてさっぱりしてしまう場合には、明暗を付けるイメージでグラデーション表現を取り入れると◎

Color

他のオススメ

Color

色を足すなら赤がベスト。ただし過激な印象になりやすいので要注意。

Color

ちょっと雰囲気を変えたいときは、コントラストの強い黄色と紫の組み合わせもアリ。

▶15 英会話レッスンの動画

Information

動画タイトル	【日常英会話】聞き返すとき何て言う?【シチュエーション・相手別】
チャンネル名	Kiko English ｜ 英会話って楽しい!
内容	アメリカ在住の日本人女子大生が、本当に役立つ実用英会話を教える動画。寸劇を交えたハイテンションなしゃべりでとにかく元気いっぱい! "お勉強"感がなく、楽しみながら英語を学ぶことができます。

英語苦手なんだよなぁ〜

お勉強ですが「楽しい」「元気」などがヒントになりそうです

楽しいのがイチバン

勉強っぽくないサムネっていうのもありなんちゃう?

サムネデザイン

A テーマをはっきり示して単純明快に！

B みんながよく知るフレーズで気を引く！

C 飛び出すような立体文字でポップに！

A

ひねりナシの直球サムネで何が学べるのか一目瞭然！

【日常英会話】聞き返すとき何て言う?【シチュエーション・相手別】

Good!

1 イラストで強調

振り切った表情やポーズが◎ ですが、さらに大きな耳のイラストをプラスしてわかりやすさと楽しげな印象を持たせました。

2 テンプレート意識

左上&右下に置いた三角部分を固定デザインとしてテーマごとにタイトルと写真を変えれば、シリーズ動画のサムネとして使い続けることもできる、テンプレートを意識したデザインになっています。

もったいない！

ひねりがないときこそ、デザイン面では個性を打ち出したいところ。

使用Font

TA-F1 ブロックライン　あイ字

Chill Script Regular　ABab123

B 有名フレーズの驚愕事実、知りたきゃ見るしかない！

学校で習うやつ
I beg your pardon?
は、
ほぼ使わない！
3:46
2
1

【日常英会話】聞き返すとき何て言う?【シチュエーション・相手別】

Good!

1 文字情報の優先順位

吹き出しの英文を主役にしたくなるデザインではありますが、まずはこのサムネに興味・関心を持ってもらうために「使わない！」を大きく載せて気を引きます。

2 あしらいはシンプルに

文字量がやや多めなので、吹き出しや集中線は極力シンプルな表現に。文字を邪魔せず、むしろ読みやすくする意識で作成しました。

もったいない！

英文を主役にしても、瞬時に読み取れる・読み取ろうとする日本人は多くありません。

使用Font

Murecho SemiBold	あイ宇１２３
Adrianna Demibold	ABab123

ポップなデザインと
フランクな口語がマッチ！

1 なんて?

は英語で?

2

How do you say this in English? 3:46

【日常英会話】聞き返すとき何て言う?【シチュエーション・相手別】

Good!

1 立体文字

人物写真の後ろから飛び出してきたような立体文字でインパクトを与えます。なるべく大きく扱うためにも文字数は最小限が◎

2 英文で雰囲気醸し

機能として必要がなくとも、英文を入れておくと"英会話の動画"っぽい感じを演出できます。

もったいない！

文字数が多いとサイズダウンせざるを得ず、立体文字の良さが半減してしまいます。

F 使用Font

ニタラゴルイカ-06	あイ宇123
Zen Maru Gothic Bold	あイ宇123

配色Tips

ポップな色

くすみ感のない元気なビビッドカラーを組み合わせると、楽しげでポップな印象を与えることができます。たとえ同じ色の組み合わせでも、1番多く使う色をどれにするかによってガラリと印象が変わることがあるので、あれこれ試してベストを探ってみましょう。

Color
–

他のオススメ

Color
–

キュートなピンクをライムグリーンと明るめブルーでキリッと引き締め。

Color
–

まるでおもちゃみたいなパキッと配色なら、圧倒的存在感!

▶16 節約術の動画

12:10 自炊タイム

自炊は元々得意とかでは全然なくて
手際は別に良くないです

Information

動画タイトル	【実録】毎日やってるリアル節約術全部見せます。
チャンネル名	節約の達人の竜神（タツジン）
内容	日常的に節約を行い自らを「達人」と称する配信者が、とある1日を朝から晩まで撮影。実践している節約術をダイジェストで紹介します。今すぐ真似できる簡単な小技から達人の名に恥じないニッチな技までを惜しみなく公開した、見応えたっぷりの動画です。

ちょっと休憩しよ…

丸1日を記録した動画なんですね

すごー

正直地味やけど需要はありそうな内容やなぁ

サムネデザイン

A アナログ感のあるデザインで気取らずに！

B 日常もフィルムに収めれば何だかワクワク！

C 一発書きっぽい筆文字でリアルさを強調！

手書き風の文字やちぎったメモで生活感を！

【実録】毎日やってるリアル節約術全部見せます。

Good!

1 こだわりの主役文字

太めのゴシック体をベースに、周囲を縁取り+中をラフに塗りつぶすことで読みやすさとアナログ感の両立を叶えました。

2 レイアウトでメリハリUP

地味なデザインはサムネとしてアピール力に欠けます。素朴なモチーフを使う分、文字を大きめに載せるなどメリハリを意識しました。

もったいない！

細くて読みづらい手書き文字は、主役文字として使うにはあまり向きません。

使用Font

平成角ゴシック Std W7	あイ宇１２３
TA-礼筆M	あイ宇１２３

B

フィルムとタイトルロゴでドラマが始まるかのように！

【実録】毎日やってるリアル節約術全部見せます。

Good!

1 タイトルロゴ

あえてちょっと大げさなタイトルロゴを作ってワクワク感を持たせました。「日常」であろうと、いかにおもしろそうな動画に見せるかがサムネデザインの極意です！

2 フィルムマジック！

動画中の数シーンをフィルムに収めて並べました。1つ1つは地味でも、フィルムになっただけでなんだか素敵に見えてきます。

もったいない！

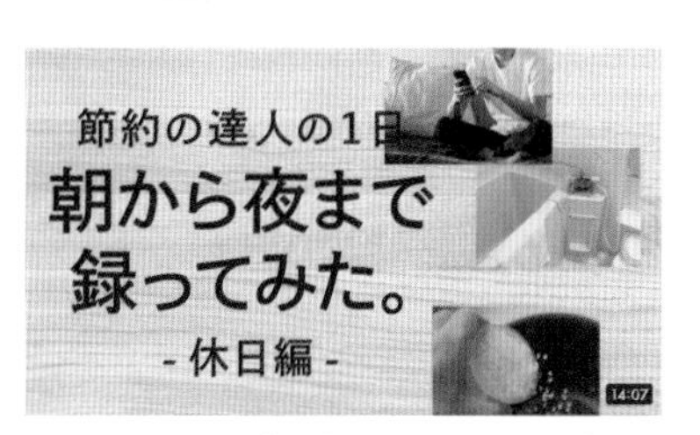

打っただけの文字、散らしただけの写真ではちっともワクワクしません。

使用Font

AB-gagaku_m Regular	あイ字123
凸版文久ゴシック Pr6N DB	あイ字123

動画用の"偽りの1日"でなくリアルであることを主張!

【実録】毎日やってるリアル節約術全部見せます。

Good!

1 ガタガタ配置

文字のサイズや位置もわざと一文字ずつ変えてガタガタに。読みやすさは意識しつつ、整えすぎないようにレイアウトしました。

2 写真にも現実味を

キレイすぎる写真は非現実的なので、あえてノイズを加えて生っぽい印象に仕上げました。

もったいない!

洗練されすぎていて「節約生活」のイメージに合わず、どこか嘘っぽい印象です。

使用Font

AB-fudeshichi Regular	あイ字123
TA弓削名人	あイ字123

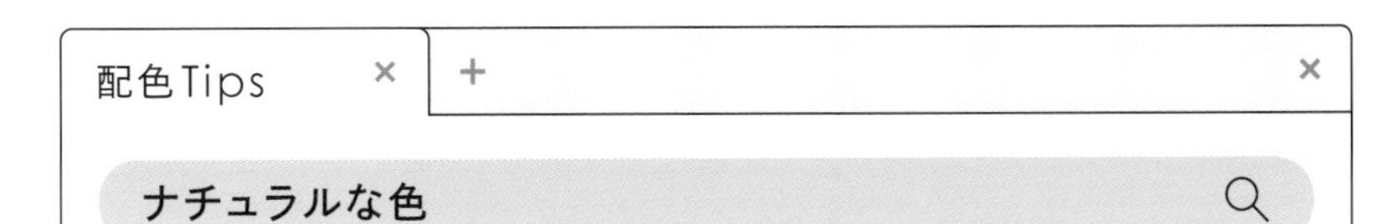

ベージュやブラウン系をベースに、爽やかな黄緑を添えるとナチュラルな雰囲気に。柔らかな印象の配色ですが、サムネの存在感が弱まらないようにコントラストはある程度意識する必要アリ！　文字色にこげ茶を使うと読みやすく、デザイン全体を引き締めることもできます。

他のオススメ

水色を組み合わせると、明るさや爽やかさがプラスされます。

もう少しシックにまとめたいときは、ネイビーを使うのもおすすめです。

▶17 開運風水術の動画

開運 幸せは玄関から!
WELCOME
0:15 / 8:30
今すぐ取り入れられる

Information

動画タイトル	玄関を見直して手軽に運気アップ！【風水】
チャンネル名	薫李の風水ROOM
内容	風水学的に玄関に置くと良い（または悪い）とされるモノやその色・形・配置場所などを紹介。風水に詳しくない人でも理解できるライトな内容ですが、配信者は風水アドバイザーの資格を取得しており、その知識は本物です。

えっ!!
もうこんな時間!?

風水のデザインと言えば中華っぽいイメージがありますね

そうかも〜

風水は大昔に中国で発祥したものらしいで

サムネデザイン

A 定番モチーフでとことん風水らしく！

B 眩しく輝く玄関写真で開運感満載に！

C 幸と不幸の対比表現でインパクト大！

A

風水を知らない人が見ても風水動画だとわかるせる!

玄関を見直して手軽に運気アップ!【風水】

Good!

1 メジャーなモチーフ

開運モチーフとして認知度が高い八角形と雲のイラストを使いました。これらは風水関係の書籍やグッズなどのデザインにもよく用いられています。

2 文字配置で感情表現

一文字ずつ上下にずらすことで期待溢れるワクワク感を表現しています。「どんどん」には上向きの矢印を添えて上昇していくイメージを強調しました。

もったいない!

こだわりが感じられず軽々しい印象を受けるので、信憑性を疑われてしまう可能性も。

使用Font

黒薔薇シンデレラ あ亻宇123

Zen Old Mincho Black あ亻宇123

B 「なんかイイコトありそう！」な明るいデザインに！

玄関を見直して手軽に運気アップ！【風水】

Good!

1 写真はしっかり加工

背景の玄関写真は明るく見えるように色を補正。さらに光をプラスして希望に満ちた印象を与えます。

2 イラストをプラス

メインの文字にドアのイラストを組み合わせてタイトルロゴのようにデザインしました。わかりやすさに加えて親しみやすさUPも叶い、一石二鳥です。

もったいない！

玄関写真が薄暗くどんよりしていて「開運」のイメージとマッチしません。

使用Font

砧 丸丸ゴシック ALr StdN R	あイ宇１２３
AB-babywalk Regular	あイ宇１２３

キラキラの「呼」と闇の「逃」対比効果で迫力UP!

玄関を見直して手軽に運気アップ！【風水】

Good!

1 両極端なデザイン

「呼ぶ」は明るくハッピーなイメージ、「逃す」は絶望的なイメージを与えるように、それぞれフォントや色を変えました。

2 顔を大きく載せる

"姿の見えない誰か"の言うことは信用してもらいにくいもの。顔をしっかりと見せることで視聴者に安心感を与えます。

もったいない！

対比表現をしている場合と比べてインパクトが弱く、訴求力が感じられません。

使用Font

VDL 黒明朝 M　あイ字123

DNP 秀英にじみ明朝Std L　あイ字123

配色Tips × +

スピリチュアルなムードの色

神秘的なイメージを与えるパープルをメインカラーに選ぶと◎ ただし濃いパープルは毒々しい印象になりやすいため、ラベンダー系の淡めパープルがおすすめです。柔らかなイエローを差し色として使うと、全体がパッと明るい雰囲気に！

Color

他のオススメ

Color

少し青みを帯びたグリーンにキラッと輝くゴールドを組み合わせて麗らかに。

Color

爽やかな水色とイエローの組み合わせは、神聖で清らかなイメージ。

? Help よくあるお悩み

レイアウト　フォント①　**フォント②**　文字色　画像

ムードが出ない

フォントで感情表現をしてみると、雰囲気UPに繋がります。ちょっとしたセリフやオノマトペに使うフォントであれば、多少の読みにくさがあってもOK。個性溢れるおすすめフォントを紹介します。

ルンルン
えれがんと W9

ドドン！
AB-countryroad Regular

はぁ？
TA- 明朝 GF01 Regular

キュン♡
ポプらむ☆キュート Normal

シャラ〜ン
Kaisei Decol Bold

ゲホッ…
AB-tyuusyobokunenn Regular

オエ〜
Potta One Regular

ちょwww
モッチーポップ Regular

え…？
VDL V7明朝 B

ガーン
AB- 石ちゃん Bold

え！？
ロックンロール One Regular

うおぉおお
ヒグミン にじみ

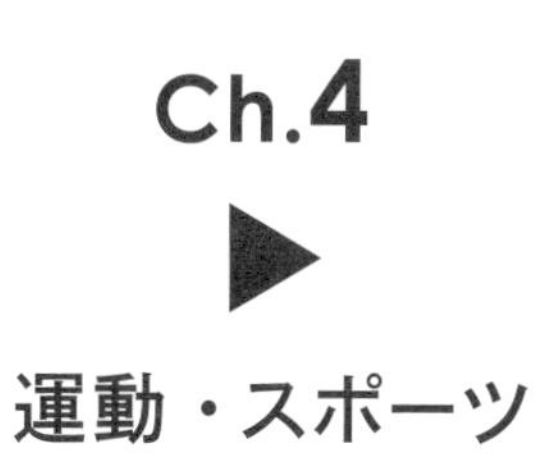

Ch.4 ▶ 運動・スポーツ

▶18 本気の筋トレ動画

Step4 バイシクルクランチ 30sec.

足を浮かせて自転車を漕ぐ動き

Information

動画タイトル　【本気】5日間でバキバキになる腹筋トレーニング【実録付き】

チャンネル名　リョウトレ

内容　筋トレ好きの配信者が考案する、短期集中型の腹筋トレーニングの動画です。短期というだけあってその内容はかなりハードなもの。信憑性を高めるため、友人に協力してもらい実際に5日間トレーニングを行った様子や結果も収録しています。

"本気"ってどう表現すれば…？

わ〜
よっぽど意思がないとできなさそうです！
フレー
フレー
手軽さを売りにした動画は多いけどこれは逆ってことやな

サムネデザイン

A レベルゲージMAXで本気度を伝える！

B 強気なスローガンを掲げて視聴者を鼓舞！

C わざとハードルを上げて興味を刺激！

どのくらい"鬼"なのか図で示せば瞬時に伝わる！

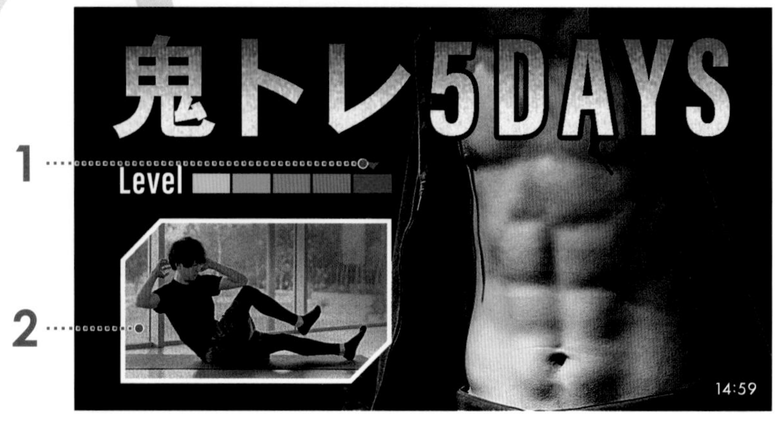

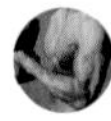

【本気】5日間でバキバキになる腹筋トレーニング【実録付き】

Good!

1 レベルゲージの見せ方

レベルMAXの図は全マス色付きが一般的ですが、他のレベルの図と比較せずにこれがMAXであると判断するのは意外と難しいこと。「▼」を添えて補助することで、明瞭にしました。

2 トレーニングシーン

動画中のワンシーンが載っていれば、トレーニング方法を紹介している動画だということがすぐに伝わります。

もったいない！

シンプルイズベストですが、削ぎ落としすぎると特徴がなくなり類似動画に紛れてしまいます。

使用Font

平成角ゴシック Std W3	あイ宇１２３
Acumin Pro ExtraCondensed Bold	ABab123

B 一歩踏み出せない視聴者を奮い立たせるひと言！

己に勝つ
- 最速で腹筋を割るトレーニング法 -

1

2

14:59

【本気】5日間でバキバキになる腹筋トレーニング【実録付き】

Good!

1 楷書体

冷静でありつつ熱意も感じさせたいときは、落ち着きと力強さのバランスが絶妙な楷書体がぴったりです。

2 背景に炎を

炎の画像をプラスして熱量の大きさを表現しました。今回は、あくまで控えめに取り入れることで「内なる静かな闘志」のイメージを表現しています。

もったいない！

グラグラと燃えたぎるような炎だと「怒り」のイメージが強く、印象が異なるため要注意。

F 使用Font

DNP 秀英初号明朝 Std Hv	あイ字123
DNP 秀英角ゴシック銀 Std M	あイ字123

限定にするほどキツいって どんなもんか気にならない？

【本気】5日間でバキバキになる腹筋トレーニング【実録付き】

Good!

1 モノクロ写真

写真をモノクロ表現にすることで、真剣なムードを醸しています。

2 シルバーで特別感

「限定」という言葉に合わせて、落ち着いた光沢感のあるシルバーでプレミアムな雰囲気を演出しました。

もったいない！

打ちっぱなしのゴシック体があっさりとした印象で「限定」らしい特別感がありません。

使用Font

AB味明 - 秀 L/EB　あイ宇123

DNP 秀英角ゴシック金 Std L　あイ宇123

配色Tips

本気の色

熱意の赤×真剣な黒の組み合わせで、渾身の想いを表現することができます。赤の範囲が広いほど感情的、黒の範囲が広いほど理性的な印象に。効果が対照的なため、内容に合わせて色の比率を調整しながら使用してみましょう。

Color

他のオススメ

Color

活気やパッションを感じる、オレンジ×イエローの配色もおすすめです。

Color

落ち着いたゴールドと差し色のワインレッドで、重厚感のある印象に。

▶19 ダンスダイエットの動画

Information

動画タイトル	毎日15分！今日も踊って痩せよ♪痩せ記録更新中 #ダンスダイエット
チャンネル名	わたなべさんのキラキラ日記
内容	ずぼらアラフォー主婦が一念発起し、美を取り戻すために奮闘する日々を記録しているチャンネル。体重や腹囲も包み隠さず公表し、自らのダンスダイエットの様子はノーカットで配信。「一緒に頑張れる！」と視聴者から好評を得ています。

焦れば焦るほどアイデアが出ないっ

なんだかとってても楽しそうですね♪

やりた～い

ダイエットのきっついイメージとは全然違って最高やん

サムネデザイン

A 比較写真や数字で瞬時に理解させる！

B 視聴者を誘って仲間意識を芽生えさせる！

C キャッチーな擬態語を使って印象的に！

結局Before・After比較が1番わかりやすい！

毎日15分！ 今日も踊って痩せよ♪痩せ記録更新中 #ダンスダイエット

Good!

1 黄緑をポイントに

「15」「楽」「踊」の3箇所にだけ色を入れることで、リズムを感じるデザインに仕上げました。

2 顔を見せる

どんな人が配信している動画なのかがわかると無意識に安心感が生まれ、視聴率UPに繋がる可能性アリ！

もったいない！

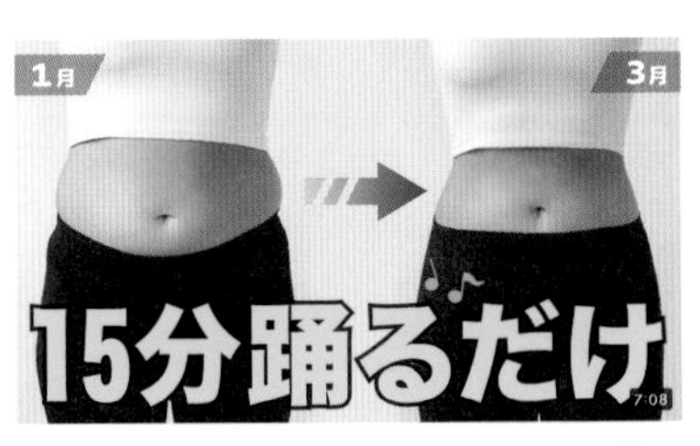

Before・After比較はバナー広告にありがち。そう見えないようにデザインで工夫を！

使用Font

VDL ギガG M	あイ宇123
Murecho ExtraBold	あイ宇123

B 憂鬱なダイエットを楽しみに変えちゃおう！

毎日15分！ 今日も踊って痩せよ♪痩せ記録更新中 ＃ダンスダイエット

Good!

1 にぎやかなレイアウト

画像や文字を重ねる・角度を付けて配置するなど、動きを持たせることで活気溢れる楽しげな印象のサムネに。

2「一緒」が重要！

「私」でも「あなた」でもなく、「みんなで一緒」に痩せよう！ というところが最大のポイントです。にぎやかな中でも視聴者の目に止まるように、白フチを付けて視認性を高めました。

もったいない！

音符が散っているものの、余白が目立ってしまい楽しげというより寂しげな印象に。

使用Font

コーポレート・ロゴ ver2 Bold	あイ字１２３
Apertura Bold Condensed	ABab123

類似ダイエット動画に
埋もれないインパクトを！

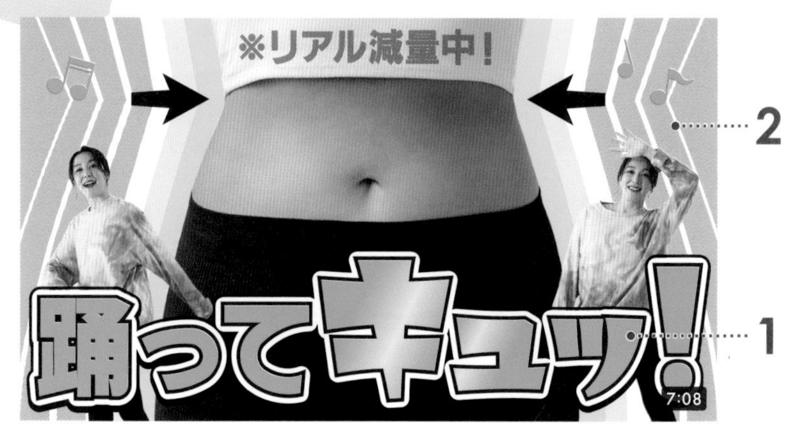

毎日15分！ 今日も踊って痩せよ♪痩せ記録更新中 #ダンスダイエット

Good!

1 オノマトペで印象付け

「痩せてウエストが引き締まる」という内容を「キュッ」の3文字で表現。言葉では伝わりきらない感覚的な部分を表現することができ、印象にも残りやすくなります。

2 錯視効果

くびれに沿ってラインを配置。外側になるにつれて角度を狭めることで屈折部分を強調しました。

もったいない！

背景が波模様だと引き締まり感が一気にダウン。ちょっとした柄選びも意外と重要です。

使用Font

めもわーる - しかく　あイ123

TA- 角ゴ GF02　あイ字123

配色Tips

スポーティーな色

明るいグレーにフレッシュな水色と黄緑を合わせると、疾走感のあるスポーティーな配色ができあがります。白を挟んでメリハリを付けると軽快で爽やかな雰囲気に仕上がるので、特にダンスやランニングなどのスピード感のあるスポーツに最適です。

Color

他のオススメ

Color

コントラストの効いたピンク×ネイビーの配色は、躍動感があって楽しげ♪

Color

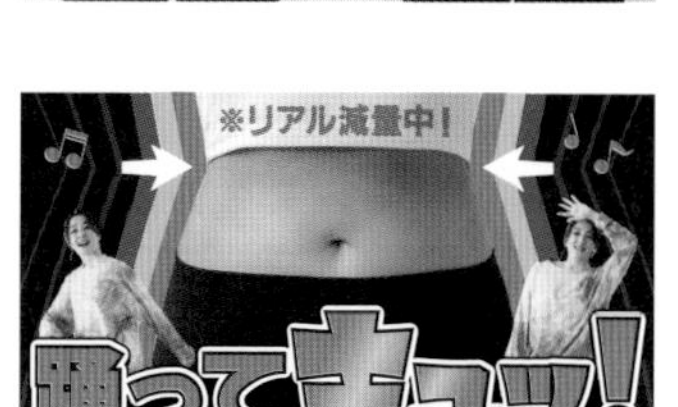

黒地に鮮やかなオレンジが映える、パワフルな印象のスポーティー配色。

▶20 快眠ストレッチの動画

Information

動画タイトル	【寝る前3分】でびっくりすぐほど快眠！誰でも簡単ストレッチ
チャンネル名	Rio Fit Studio｜理学療法士インストラクター
内容	睡眠に悩む人に向けた、簡単に挑戦できる快眠ストレッチ法を紹介する動画。配信者は理学療法士の資格を獲得しており、"身体の悩み・不調を解消する"をモットーにさまざまなストレッチ動画を投稿しています。

快眠…
快……みん………

これはぜひ一度試してみたいですね

よささ〜

よっしゃ！
一瞬でイメージ湧いてきたわ

サムネデザイン

A 左右対象のレイアウトで落ち着いた印象に!

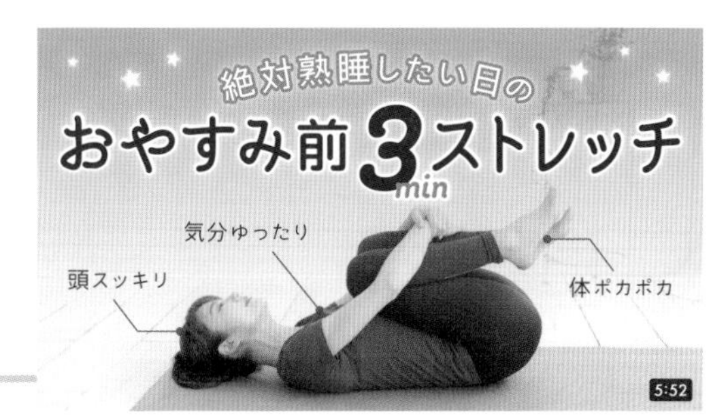

B 悩みを持つ人の"願い"を代弁する!

C 気持ちよ〜く快眠中のイメージを具現化!

A

バランスよく整えて心地よさと安定感を！

1 絶対熟睡したい日の
おやすみ前3minストレッチ
気分ゆったり
頭スッキリ
体ポカポカ 2
5:52

【寝る前3分】でびっくりすぐほど快眠！誰でも簡単ストレッチ

Good!

1 直線+アーチ文字

まっすぐに並べた文字の上にアーチ状の文字を置くと、バランスの取れたまとまりのよいタイトルロゴに。

2 効能をひと言で

このストレッチでどんな効果が得られるのかを、簡単かつキャッチーな言葉で示しました。語呂の良さにも気を使っています。

もったいない！

レイアウトやフォントがスポーティーな雰囲気で、リラックス系ストレッチにはミスマッチです。

使用Font

いろはマルみかみ Medium　あイ宇1 2 3

砧 iroha 23kaede StdN R　あイ宇1 2 3

B 具体的な言葉で表せば悩める人の心に刺さる！

Good!

1 視聴者の願い

配信者側からのメッセージではなく、あえて「ぐっすり眠りたい…」と視聴者側の気持ちを書くことで、優しく視聴に導きます。

2 対角線構図

レイアウトしづらい形の人物写真ですが、対角線上に文字を置くことで収まりよく仕上がりました。

もったいない！

ちょっとしたあしらいや言葉選びによって、一方的な押し付け感が強くなってしまいました。

使用Font

Kaisei Decol Bold	あイ宇１２３
Murecho SemiBold	あイ宇１２３

説得力のある誇張表現で効果を期待させる！

1
2

【寝る前3分】でびっくりすぐほど快眠！誰でも簡単ストレッチ

Good!

1 幻想的な夜空

思いきりファンタジーな世界観に振り切ることで、強いインパクトを与えます。

2 雲のような文字

光彩やぼかしを施し、左右に振りながらひと文字ずつ配置することで浮遊感を表現しました。

もったいない！

言葉だけを誇張しても、写真のイメージと結びつかず、説得力は強まりません。

使用Font

Hina Mincho Regular　あイ字１２３

配色Tips

リラックスできる色

柔らかなパープルには、疲労回復や癒しの効果があると言われています。色相の近いピンクと組み合わせれば心安らぐ雰囲気に。差し色としてマイルドなイエローを取り入れると、リラックスムードをキープしつつ全体をパッと明るい印象にしてくれます。

Color

他のオススメ

Color

落ち着いたネイビーとブラウンで、静けさの中に優しさを感じる配色に。

Color

自然を感じさせる穏やかなグリーン×ブルーの配色も、気持ちが和みます。

▶21 サッカー練習法の動画

Information

動画タイトル	小学生向けサッカー自主練〜ドリブル上達のコツ〜［ジュニアサッカー］
チャンネル名	上越ファンタジスタ★ジュニアサッカークラブ
内容	ジュニアサッカークラブが運営する、主に小学生を対象としたサッカー練習法を配信するチャンネル。この動画では、ドリブル上達のコツとおすすめの自主練習法を併せて紹介しています。

やらかしたー…

小学生も自分で調べて動画を見る時代ですからね

サッカーかっこい〜

ちょっと派手めなほうが興味持ってもらえるかもしれへんな

サムネデザイン

A 直球な表現で小学生でも理解しやすく!

B 魅力的なキャッチフレーズで注目させる!

C わかりそうでわからないヒントを見せる!

A

「ドリブル」と写真を組み合わせて大きく配置！

小学生向けサッカー自主練〜ドリブル上達のコツ〜［ジュニアサッカー］

Good!

1 写真の一部をフチ取り

上から文字を重ねているので、何もしないと写真が"背景"として認識され埋もれてしまいます。人物の周囲にフチを付けることで、背景の一部から主役級の要素へと格上げしました。

2 「○○編」

同じレイアウトで写真と文字を差し替えれば、シュート編やトラップ編など、"自主練シリーズ"のサムネとして汎用できます。

もったいない！

フチやラインがないとメリハリが出ず、文字も写真も目に止まりません。

使用Font

VDL ライン G-pop Shadow	あイ字123
コーポレート・ロゴ ver2 Bold	あイ字123

B 小学生が憧れそうな かっこいいフレーズ！

小学生向けサッカー自主練～ドリブル上達のコツ～
［ジュニアサッカー］

Good!

1 躍動表現

効果線や弾けるような形状の吹き出しを使って、勢いのあるエネルギッシュなイメージを表現しました。

2 青空のパワー

清々しく晴れやかな気持ち・明るくポジティブな気持ちを与えてくれる青空の写真を背景に使用。オレンジ色との相性もバッチリで、元気が湧いてきます。

もったいない！

全てを同系色で統一するとまとまりすぎてしまい、アピール力が弱まります。

使用Font

AB-countryroad Regular あイ字123

Murecho Black あイ字１２３

動画を見ないと「これ」が何かはわからない！

小学生向けサッカー自主練～ドリブル上達のコツ～［ジュニアサッカー］

Good!

1 写真の切り抜き方

全身写真はポーズがわかりやすいように輪郭に沿って切り抜き。足元のアップは背景アリのままギザギザの円でトリミング。それぞれ目的に合わせて切り抜き方を変えています。

2 あしらいのルール

メインの文字には黒いシャドウを、写真とそれに付随する文字には白い光彩を付けるルールで整理。にぎやかなレイアウトでも混沌としてしまわないように、工夫しました。

もったいない！

足元のアップ写真のみでは、なんの動画だか伝わりづらい印象です。

使用Font

AB-DON Bold	あイ字 123
M+ 2p heavy	あイ字 1 2 3

配色Tips × + ×

元気な色

パキッと明るいオレンジイエローとブルーを組み合わせて、ハツラツとした元気いっぱいの配色に。エネルギッシュな赤をプラスすればやんちゃで楽しげな雰囲気に仕上がり、キッズのイメージにぴったり。グラデーションで少し濃淡を付けると、深みが出てかっこよくキマります。

Color
–

他のオススメ

Color
–

パンチの効いたオレンジ×イエローの組み合わせをネイビーで引き締めて。

Color
–

個性的でおしゃれな元気カラーなら、パープルを取り入れるのがおすすめ。

▶22 スケボーの選び方動画

ROCK IS KING
ついデザインから見がちだけど

Information

動画タイトル	【超重要】スケボー デッキの選び方 <種類／サイズ／素材／値段>
チャンネル名	OLLIE-CH
内容	元プロであり現在はスケボーショップを経営する配信者が、競技シーンで培った経験を活かして情報やスキルを初心者～中級者へ向けて発信するチャンネル。気取らない人柄や、時折スケボー愛が垣間見える語りぶりが好印象です。

コレジャナイ感…

かっこいいですね～
スケボー！

きゅん…！

選び方って教えてもら
わなわからんからな

サムネデザイン

A

最低限の情報量でスマート&クールに!

B

視聴者の気持ちになって疑問文で書く!

C

誰もが嫌がる"後悔"の文字で注目度UP!

A

シンプルでやりすぎない ところがかっこいい！

【超重要】スケボー デッキの選び方 <種類／サイズ／素材／値段>

Good!

1 単色背景でメリハリを

人物以外の部分を単色表現に。Tシャツ&スケボーに合わせた白文字がよく目立ちます。

2 シンプルを追求！

あえて多くを語らず、文字量は最小限に抑えました。デッキの選び方がわからない人・迷っている人に向けた動画であることがストレートに伝わります。

もったいない！

そのままの写真を使うと、背景のガヤガヤ感が気になってスケボーに視線が向きません。

F 使用Font

DNP 秀英角ゴシック銀 Std B	あイ宇123
Coldsmith Pro Regular	ABI23

B 威圧感のない疑問文で親しみやすさを感じさせる！

【超重要】スケボー デッキの選び方 <種類／サイズ／素材／値段>

Good!

1 プロっぽレイヤー感

背景と人物の間に帯を挟むと、奥行きを上手に使ったプロ感のあるデザインに仕上がります。

2 チェッカー

さりげなくチェッカーをあしらって、スケボーらしいストリートテイストを感じさせます。

もったいない！

文字と帯が人物写真を遮っていて、せっかくのスケボーもよく見えません。

使用Font

AB-waraku_m Regular　あイ字123

SysFalso-Italic　ABab123

動画を見て後悔せずに済むなら視聴の一択！

1
2

【超重要】スケボー デッキの選び方 <種類／サイズ／素材／値段>

Good!

1 違和感で注目させる

スペース的には文字をまっすぐに入れることも可能なレイアウトですが、あえて斜めに傾けて配置。見る人にわざと違和感を覚えさせることで、目に留めてもらうことが狙いです。

2 ぺったりシャドウ

アメコミのようなボカシのないぺたっとしたシャドウは、カジュアルテイストのデザインによく合います。

もったいない！

整理されていますが、遊び心がなく、退屈な印象を受けます。

使用Font

FOT-ロダン ProN DB　あイ宇123

Permanent Marker Regular　ABAB123

配色Tips × +

カジュアルな色

素朴なベージュと落ち着きのあるえんじ色を組み合わせると、気楽で媚びないカジュアルなイメージを打ち出すことができます。ベージュは比較的どんな色にも合いやすいので、使用写真や好みによって、えんじ色をネイビーや深緑などに置き換えるのもおすすめです。

Color

他のオススメ

Color

グリーンとネイビーでアメカジ風に。ベージュの代わりに白を使うと軽やかな印象。

Color

他と被らないおしゃれなカジュアル配色なら、グレージュを取り入れてみて。

? Help よくあるお悩み

レイアウト　フォント①　フォント②　**文字色**　画像

いつも無難な色を選んでしまう

サムネに欠かせないフチ文字の、白・黒以外のおすすめ配色を集めました。色×色の組み合わせは少々ハードルが高いですが、使ったことのない配色に挑戦すればマンネリ打破も期待できます。

Ch.5

▶

美容・ファッション

▶23 メイク動画

メイクキープミスト
スーパーロック
18:45 / 21:17
15cm離して顔全体に4〜5プッシュ

Information

動画タイトル　【保存版】夏を乗り切る！最強メイクレシピ完成♪【みあメイク】

チャンネル名　橘 心彩

内容　真夏でも絶対に崩れないメイク術の動画。おすすめコスメを実際に使用しながら、テクニックやコツを丁寧に解説していきます。配信者は美容系インフルエンサーで、複数のSNSを使い分けながらコスメやメイク、スキンケアに関する情報を積極的に発信しています。

メイクかぁ…
かなりの難問だ…

メイクをする方ってこんなに苦労して

そりゃあそうヨ大切な予定でメイクが崩れちゃったらイチダイジ!!

急にめっちゃ喋るやん…そんなに重要なことなんやな…

サムネデザイン

A メイク動画らしく使用コスメを並べる!

B シチュエーションを示して説得力UP!

C 大袈裟に捲し立ててスゴさを全力主張!

A

コスメ自体に興味がある人もキャッチできちゃう！

-MIA MAKE UP-
TONER
1
2
鉄壁メイクで崩さない♡
絶対！
21:17

【保存版】夏を乗り切る！最強メイクレシピ完成♪【みあメイク】

Good!

1 コスメを見せる

コスメの写真は切り抜いて整列させ、ひとつひとつがしっかりと見えるように載せました。

2 言葉に合ったフォント

全体のノリとしては柔らかなフェミニンテイストですが、主役文字のフォントはちょっといかつい形のものをチョイス。言葉のイメージが引き立ち、説得力がUPします。

もったいない！

文字だけでは説得力に欠けます。あまり特徴もなく、スルーされてしまいそう。

F 使用Font

金畫字 Normal	あイ宇123
DNP 秀英丸ゴシック Std B	あイ宇123

B こんな夏の予定がある子は スルーできないはず！

フェスOK!
プールOK!
崩れないメイク!
遊園地OK!
夏のイベント全対応
フル
21:17

1 ……… 2

【保存版】夏を乗り切る！最強メイクレシピ完成♪【みあメイク】

Good!

1 シチュエーション写真

メイク崩れしがちな夏の王道イベントを3つピックアップ。インスタントカメラ風の白フチを施し、ランダムに配置することで楽しげな雰囲気を演出しました。

2「OK」ハンコ

ただ文字だけを載せるのではなく、円に収めたハンコ風の「OK」表記がデザインのポイントに。わかりやすさと親しみやすさもUPしています！

もったいない！

事務的なレイアウトでワクワク感がなく、「見てみたい」という気持ちが湧きません。

F 使用Font

平成丸ゴシック Std W8	あイ字１２３
ニタラゴルイカ - 06	あイ字１２３

メイクキープにかける想いの強さと必死さ、伝われ…！

【保存版】夏を乗り切る！最強メイクレシピ完成♪【みあメイク】

Good!

1 アピールは強気に！

極端な状況を示すことで、どれほどキープ力の高いメイク術なのかがわかりやすく伝わります。

2 ちょいギャグ感

「顔面安泰」というちょっと笑えるワードチョイスでギャグっぽさを含ませると、過激な誇張表現から角が取れて受け入れやすい印象に。

もったいない！

崩れません
どんなことをしても絶対に
耐久メイク
21:17

言っていることが大雑把すぎて心に響きません。圧が強すぎる点もマイナスです。

使用Font

FOT-筑紫A丸ゴシック Std B　あイ字123

平成明朝 Std W9　あイ字１２３

配色Tips

キュートな色

「キュート」と言えば、まずはピンクが外せません。ここでは夏を意識した透明感のあるターコイズブルーと、可憐なパープルを合わせました。暗い色は避けて全体に明るいトーンでまとめると、若々しくて可愛らしい配色ができあがります。

Color

他のオススメ

Color

コーラルオレンジとミントグリーンで、多幸感溢れるヘルシーな可愛さに。

Color

ピンク×赤の王道キュート配色にラベンダーを添えて、上品さをプラス。

▶24 コーディネート提案動画

Information

動画タイトル	季節の変わり目って着るもの迷うよね【初秋のTPO別コーデ提案】
チャンネル名	sayasaya｜頑張りすぎないシンプルコーデ
内容	アパレル関係の仕事をしながら子育てにも励む"ワーママ"配信者が、日常使いしやすいファッションコーディネートを提案する動画。シンプルだけど野暮ったくない、ちょっと小洒落た程よいファッションを得意としています。

たくさん載せようとすると散らかるなぁ

動画だと静止画よりも着用イメージがわかりやすいくていいですね

すてき～

洋服は日常の一部！困ってる人からしたら大助かりやなぁ

サムネデザイン

A

ファッション雑誌の表紙風デザイン！

B

サムネでも"頑張りすぎない小洒落感"を！

C

堂々と「正解」と言い切っちゃう！

情報をかっこよく並べて雑誌のタイトルっぽく！

季節の変わり目って着るもの迷うよね【初秋のTPO別コーデ提案】

Good!

1 コーデを並べる

たくさんのコーデが載っていれば、この動画1本で多くの情報が得られるということが伝わります。

2 お役立ち情報

コーデを参考にする視聴者にとって、配信者の年齢や身長は有益な情報。でかでかと主張する必要はありませんが、スマートに掲載してあるとデザイン的にも◎

もったいない！

バストアップ写真1枚ではコーデよりも個が際立ってしまい、動画の趣旨とズレます。

使用Font

Corundum Text Bold SC Roman　ABABI23

AB-itaikoku Regular　あイ字123

B おしゃれレイアウトに手描きラインで抜け感を！

季節の変わり目って着るもの迷うよね【初秋のTPO別コーデ提案】

Good!

1 崩しポイント

あまりスタイリッシュすぎると気取っているような印象を与え、嫌悪感を抱かれてしまう可能性も。フレーム部分に手描き表現を取り入れて、フランクさをプラス。親しみやすい印象にまとめました。

2 コーデをチラ見せ

いろいろなコーデの写真を切り抜いてランダムに配置。全身をしっかり見せ切らなくてもおしゃれな"雰囲気"を醸すことができればOKです。

もったいない！

手描きデザインは、やりすぎると野暮ったさや子供ぽさに繋がりかねないのでほどほどに。

使用Font

Mendl Sans Dawn Medium	ABab123
DNP 秀英角ゴシック金 Std B	あイ宇123

ファッション迷子の人々が安心して頼れる存在に!

季節の変わり目って着るもの迷うよね【初秋のTPO別コーデ提案】

Good!

1 真ん中タイトル

サムネでは文字が上下か左右に寄せられていることが多く、中央にどーんと文字を置くレイアウトは比較的少数派。これだけで類似動画と差を付けることができます。

2 対極な2コーデ

写真が少なくても「バラエティに富んだコーデを紹介している動画」だと感じてもらうために、振り幅を意識してドレッシーなワンピースとカジュアルなパンツスタイルをチョイスしました。

もったいない!

着用アイテムや雰囲気が似たコーデのみだと、刺さささる層が狭まってしまう可能性アリ。

使用Font

凸版文久ゴシック Pr6N DB　あイ宇123

SysFalso Italic　ABab123

配色Tips × +

大人おしゃれな色

落ち着きのあるくすみカラーで統一すれば、それだけで大人っぽい雰囲気が漂います。ダークすぎると渋さや重厚感が出てしまうので要注意。"ほんのりグレイッシュ"くらいを目指すと上手におしゃれ感を引き出すことができます。

Color
–

他のオススメ

くすみピンクの可愛らしさをシックなモスグリーンとネイビーでバランシング。

ニュアンスカラーのグレージュを主役にした、おしゃれ上級者配色。

▶25 セルフネイルの動画

0:23 / 9:49
買ったばかりの新商品を使いたくて

Information

動画タイトル	【ジェルネイル】100均縛りで大人っぽおしゃれネイル【プチプラ】
チャンネル名	コン吉のセルフネイル
内容	100均で購入できるアイテムだけを使った、高見えジェルネイルデザインの作り方を紹介する動画。配信者は趣味でセルフネイルを楽しんでおり、プロではないため、使用ツールや作業環境が視聴者と近しく、誰でも真似しやすいところが魅力です。

ネイルも未知の領域だ……

100均アイテムでここまでできるなんてすごいです

はわわわ～

このお得感、かなり高ポイント…！

サムネデザイン

A 大理石とフレームでますます高見えに！

B 潤み感を強調してネイルの魅力爆上げ！

C 100円玉を並べてお手頃アピール！

A

100均のイメージとのギャップを強める!

【ジェルネイル】100均縛りで大人っぽおしゃれネイル【プチプラ】

Good!

1 洗練ホワイト

白を基調としたフレーム&大理石はゴージャスすぎず、上品な高級感を演出することができます。

2 飾り用の文字

小さな文字はよく見ると、全て100円のアイテムで作っているということを説明しています。情報としてはなくても問題ありませんが、おしゃれな雰囲気を演出するのに一役買っています。

もったいない!

キンキラのゴールドや濃い色の大理石が派手すぎてしまい、下品な印象を受けます。

使用Font

貂明朝 Regular	あイ宇123
Arno Pro Semibold	ABab123

B うっとりするほど幻想的なネイルにときめいて！

【ジェルネイル】100均縛りで大人っぽおしゃれネイル【プチプラ】

Good!

1 水面背景

透明感溢れる水面の写真をピンク色に加工して背景に使用。ネイルの"うるぷる感"を引き立てます。

2 おしゃれな円形文字

英字を円形に並べるとデザインのポイントになり、ちょっとしたアクセサリーのような感覚でサムネを飾り付けることができます。

もったいない！

ペタッとした単色背景でムード不足な印象。ネイルの魅力も半減してしまいました。

使用Font

FOT-筑紫B丸ゴシック Std B	あイ字123
Kaisei Opti Bold	あイ字123

インパクトは与えつつ お上品さも忘れずに！

＼絶対バレない♡／
奇跡の100 100 100 100円ネイル
よんひゃく
9:49
1
2

【ジェルネイル】100均縛りで大人っぽおしゃれネイル【プチプラ】

Good!

1 ムードに合ったイラスト

100円玉が並ぶことで野暮ったさやチープ感が出てしまわないように、イラストのタッチや色選びにこだわりました。

2 大人っぽフォント

イラストが目立つと子供っぽい印象を与えがちですが、エレガントな明朝体を使うことでグッと大人おしゃれな雰囲気に引き上げました。

もったいない！

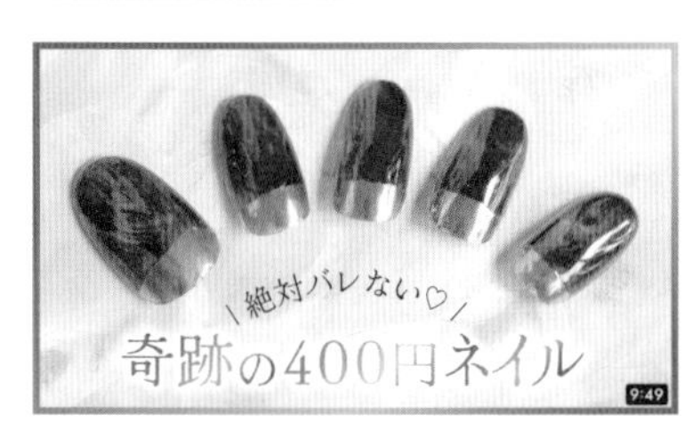

イラストに比べてインパクトが弱く、お手頃感が十分に伝わりません。

使用Font

Hina Mincho Regular	あイ字123
Amador Regular	ABab123

配色Tips

エレガントな色

控えめなゴールド×ホワイトに優美なディープピンクで花を添えれば、高級感と気品の溢れるエレガントな配色に。ゴールドは面でベタッと使うのではなく、ラインや細い文字などの狭い範囲や細部に使うと洗練された印象を与えます。

Color

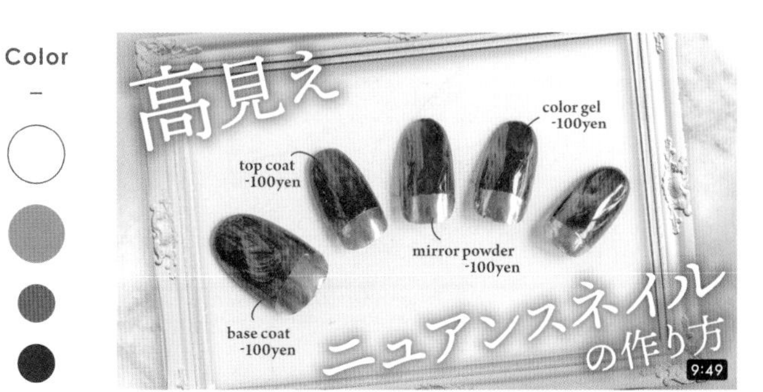

他のオススメ

パープル系でまとめてムーディーに。シャンパンゴールドがアクセント。

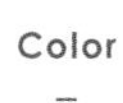

シックなくすみマカロンカラーで作る、ロマンチック&エレガントな配色。

? Help よくあるお悩み

レイアウト　フォント①　フォント②　文字色 

画像が使いこなせない

1つの画像を全面配置するだけで成り立つケースもありますが、映えない場合や、複数載せなければならない場合などは工夫が必要です。切り抜いたり、フレームを付けたりして魅力を引き出しましょう。

ムード高まる全面配置

Sample

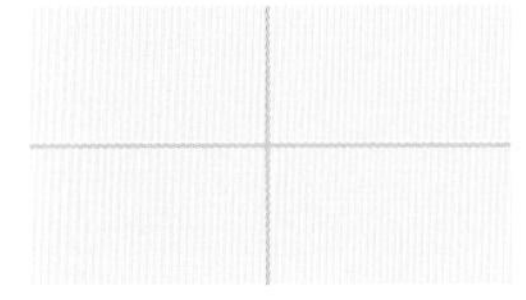

整理しやすいコマ割り

Sample

1番うまいのは
博多ラーメン
どれだ?!

被写体が引き立つ切り抜き

Sample

印象的なフレーム

Sample

にぎやかなコラージュ

Sample

Ch.6

趣味・日常

▶26 ルームツアーの動画

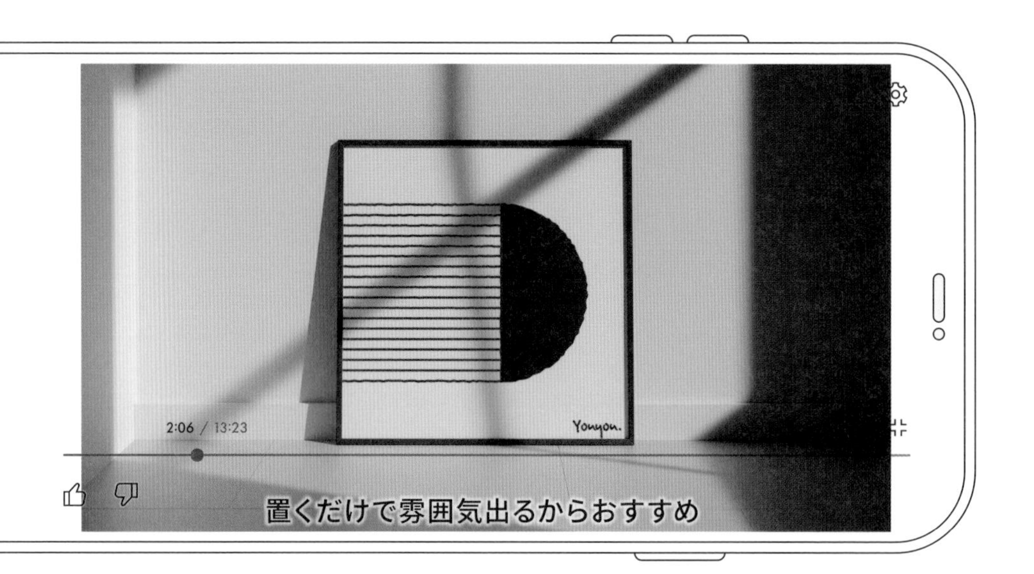

Information

動画タイトル	【ルームツアー】東京一人暮らし男子	簡単DIY	インテリアショップ情報
チャンネル名	YU-RI.
内容	おしゃれ好きな20代社会人男性が、ライフスタイル・インテリア・ファッションなどについてゆるりと配信しているチャンネル。このルームツアー動画では、賃貸一人暮らしである自身の部屋を撮影しながらインテリアを紹介。こだわりポイントなどを語っています。

とにかくおしゃれな
感じにしてみよう…!

居心地のよさそうな
お部屋ですね

うちとチガウ

まぁうちはうちで悪く
はないけどな

サムネデザイン

A 間取り図を添えてイメージしやすく!

B それっぽいキャッチコピーでムード満点!

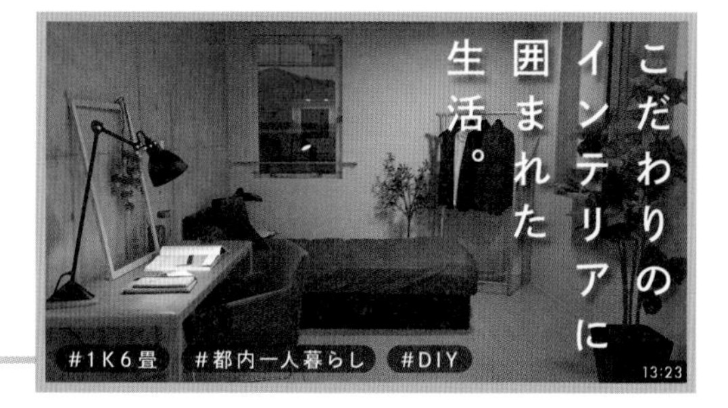

C 中央に文字を置いて部屋を見せすぎない!

説明的すぎない図がスタイリッシュでおしゃれ！

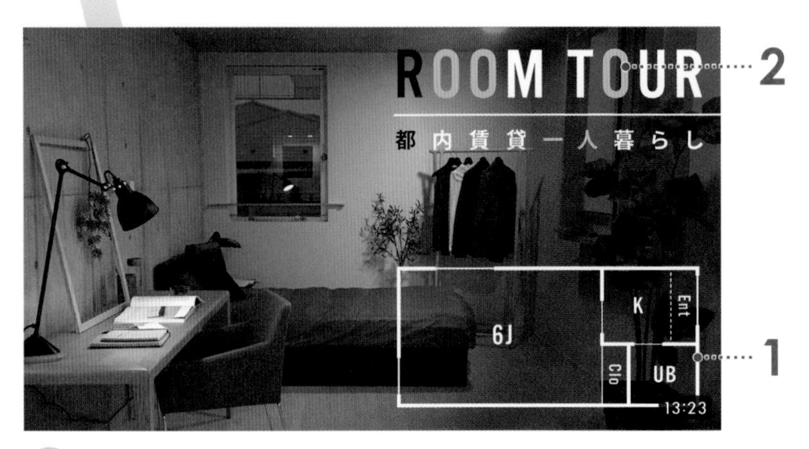

【ルームツアー】東京一人暮らし男子 | 簡単DIY | インテリアショップ情報

Good!

1 情報の引き算

間取り図は、部屋のイメージが伝わるギリギリのラインを狙って最低限の情報量まで削ぎ落としました。

2 色遊び

かなりシンプルなデザインなので、文字の一部に色を加えてアクセントにしています。

もったいない！

小さいサムネの中に詳細な間取り図があっても、返って見づらくなってしまいます。

使用Font

Alternate Gothic No3 D Regular	ABab123
源ノ角ゴシック JP Bold	あイ宇123

B 「〇〇な生活」って書くとかっこよく聞こえる…！

こだわりのインテリアに囲まれた生活。
#1K6畳
#都内一人暮らし
#DIY
13:23
1
2

【ルームツアー】東京一人暮らし男子 | 簡単DIY | インテリアショップ情報

Good!

1 文字の組み方

丁寧な印象を打ち出すために、"きちんと感"のある縦書きに。さらに字間を広めに設けることで、落ち着いた雰囲気を演出しました。

2 ハッシュタグ

部屋の基本情報などを簡潔にまとめ、ハッシュタグを付けて羅列。似た環境で暮らす人やDIYに興味がある人など、視聴の可能性が高そうな人に気付いてもらいやすくなります。

もったいない！

文字の組み方が雑でせっかくのコピーが台無しに。こだわりを持つような人には思えません。

使用Font

DNP 秀英角ゴシック銀 Std B　あイ宇123

"なんとなくイイ感じ"の部屋なのが伝わる程度に留める!

普通の賃貸で
ここまでできる
ROOM TOUR
13:23
1
2

【ルームツアー】東京一人暮らし男子|簡単DIY|インテリアショップ情報

Good!

1 隠しすぎず見せすぎず

文字をドーンと配置&写真全体を暗くすることで部屋を少し隠しました。完全に見えない状態ではなく、インテリアテイストがわかる程度がベストです。

2 言い回し

「ここまでできる」という曖昧な表現で、なにかスゴいことをしていそうな雰囲気を漂わせて興味を引きます。

もったいない!

部屋の写真が一切載っていないサムネでは、誰にもフックしない可能性大。

使用Font

砧 iroha 26tubaki StdN R	あイ宇123
IvyStyle TW SemiBold	ABab123

配色Tips × + ×

スタイリッシュな色

色数をグッと絞って白・黒・有彩色の3色でまとめると、ハイセンス感漂うスタイリッシュなイメージに。有彩色は、使用写真などに合わせてイエロー以外を選んでもOKです。"高コントラスト"を意識すると、シンプルなのにどこかアーティスティックで個性的な、存在感のある配色に仕上がります。

Color
–

他のオススメ

Color
–

黒をグレーに置き換えるなら、有彩色はパキッと明るい高彩度のカラーが◎

Color
–

有彩色2色の場合も意識すべきはコントラスト。ネイビー×イエローでユニークに。

▶27 キャンプVlogの動画

14:20
15:57 / 27:39
今日のために自宅で子供たちと作った特製ジャム

Information

動画タイトル	海を見ながらDAY CAMP 御宿海岸キャンプ場【ファミキャンVlog】
チャンネル名	Moriwaki Family
内容	ベテランキャンパーながら動画配信は未経験という夫婦が、満を持してチャンネルを開設。記念すべき初投稿となるこの動画は、海辺でファミリーキャンプを楽しむ様子を収めたVlog（Video Blogの略で、動画版ブログのこと）です。

初投稿にふさわしいサムネにするぞ…！

飼い主さんが珍しくやる気出しています

負けちゃいられないわ〜

みんなでいいデザイン考えるでー！

サムネデザイン

A シリーズ化を見据えたテンプレを作る!

B フランクなデザインで仲良し&楽しげに!

C 大者感を演出して期待度を上げる!

場所、日付、写真を変えれば使い続けられるサムネに！

海を見ながらDAY CAMP 御宿海岸キャンプ場【ファミキャンVlog】

Good!

1 後で困らないレイアウト

写真の構図や被写体のサイズ感、文字量などが変わっても困らないように、ゆとりのあるレイアウト組みを心がけました。

2 広めの色ベタ

背景はあえて色ベタに。こうしておけば色変えするだけで雰囲気もガラッと変えることができるので、テンプレとして使用しても「同じようなサムネばかりで見分けがつかない…」ということにはなりません。

もったいない！

明らかに文字数に制限があるようなデザインは、テンプレには不向きです。

使用Font

砧 iroha 29ume StdN R	あイ宇１２３
CCMeanwhile Italic	AB123

B ファミキャンならではの和気あいあいなムード！

CAMP VLOG
2
1
家族5人で
DAY CAMP!
27:39

海を見ながらDAY CAMP 御宿海岸キャンプ場【ファミキャンVlog】

Good!

1 サブ写真を添えて

メインの写真もとても素敵ですが、せっかくなのでキャンプ中のワンシーンをプラス。仲睦まじげな雰囲気がより伝わります。

2 シリーズの目印を付ける

全体をテンプレデザインとしてレイアウトしなくても、左上の三角マークを同じ位置にあしらえば、シリーズ動画として認識してもらえます。

もったいない！

動きがなくお堅い印象のレイアウトで、和気あいあいとしているようには見えません。

使用Font

BallersDelight Regular　ABAB123

AB-kokoro_no3 Regular　あイ字123

遠慮してもしょうがない！
他に負けない強気さでGO！

海を見ながらDAY CAMP 御宿海岸キャンプ場【ファミキャンVlog】

Good!

1 重大発表感

「はじめます。」と改まった物言いにすることで、重大発表さながらの雰囲気を漂わせ、視聴者の関心を集めます。

2 売り込みポイント

配信者は誇るべき長さのキャンプ歴を持っているので、特別感のある受賞マーク風のデザインでアピールしました。

もったいない！

せっかくの売り込みポイントがさらっと書いてあり、気が付いてもらえなさそう。

使用Font

Harvester Regular	ABAB123
砧 iroha 31nire StdN R	あイ宇123

配色Tips

アウトドアっぽい色

海や空の青、木々の緑など、自然を感じるカラーを集めるとアウトドアのイメージにぴったりな配色に。緑を主役にするのが定番ですが、今回は海の写真に合わせて青をメインにしています。ややくすみがあり柔らかなソフトトーンでまとめると、ナチュラル感が強まります。

Color
–

他のオススメ

Color
–

少し渋めなディープトーンを使えば、ワイルドで力強い印象に。

Color
–

生き生きとしたエネルギーを感じるオレンジを差し色に使うと、アクセントになり◎

▶28 着付けのHowTo動画

お悩み 痩せていて布が余る
ポイント：裾を確認しながら折り返す

Information

動画タイトル	【着物着付け】身長・体型でお悩みの方！大丈夫、キレイに着られます！
チャンネル名	着物女子こまち Kimono girl*Komachi
内容	着物を着たいけれど体型に悩みがあって着られない…。そんな人を救う、お悩み解決着付け法の動画。配信者は普段着として着物を楽しむ着物大好き女子で、着物の魅力を世に広めるべく動画を通して普及活動に勤しんでいます。

どういう体型の人が悩むのか見てみよう

主に背が低い、高い、太っている、痩せている…でしょうか

体型は人それぞれ

とにかく着方次第でどうにでもなるっちゅーことやな

サムネデザイン

A 体型に名前を付けて箇条書きで示す！

B ポップなイラストで受け入れられやすく！

C あえて詳しい体型には触れない！

どんな人に向けているのか具体的でわかりやすい！

【着物着付け】身長・体型でお悩みの方！大丈夫、キレイに着られます！

Good!

1 体型ごとの呼び名

当事者になったつもりで、言われても嫌な気持ちにならず自然に受け入れられる呼び名を考えました。

2 着物ならではのデザイン

さりげなく和柄をあしらって、着物の帯風のデザインに仕上げました。

もったいない！

いくら箇条書きでも一文ずつが長いと要点が掴めず、伝わりません。

使用Font

いろは角クラシック Medium　あイ宇１２３

B 悩みを抱えている人が嫌悪感を抱かないように！

【着物着付け】身長・体型でお悩みの方！大丈夫、キレイに着られます！

Good!

1 シンプルなイラスト

わかりやすさを優先するなら、体型ごとの特徴を大袈裟に誇張するのもひとつの手ですが、悩める人の気持ちを逆撫でしないように必要最低限のシンプルな表現にしました。

2 呼びかけ感

両手を口元に添えた人物写真を中心に、放射線状の背景を置いて、「みんな」に呼びかけているようなイメージを与えます。

もったいない！

イラストもなく急に「大丈夫」と言われても、さすがに何のことやら伝わりません。

使用Font

FOT-筑紫B丸ゴシック Std B　あイ宇123

悩み事はデリケートだから別の切り口で攻める！

1 ×体型じゃない！ ○着方ひとつで

2 着物美人

16:38

【着物着付け】身長・体型でお悩みの方！大丈夫、キレイに着られます！

Good!

1 記号を活用

「体型」と「着方」にそれぞれ×と○を付けました。記号を用いると、イラストや数字と同じように、言葉を読み込ませるよりも速く・的確に内容を伝えることができます。

2 ムード作り

「着物美人」という言葉に合わせて、おしとやかな雰囲気のフォントをチョイス。文字の一部を桜にアレンジしてムードを引き立てました。

もったいない！

華やかなフォントですが、着物よりも煌びやかなドレスをイメージさせます。

使用Font

AB-mayuminwalk Regular	あイ字123
いろはマルみかみ Medium	あイ字123

「和」とひと口に言っても色々ですが、ここではほんなりとした明るい和配色を紹介します。桜や梅を彷彿とさせるピンクに、クリーム色を組み合わせて愛らしい印象に。締め色のネイビーが、優しげな雰囲気の中に凛とした空気を感じさせます。

Color

他のオススメ

Color

落ち着きのあるパープルに爽やかな黄緑が心地よく、気持ちが和みます。

Color

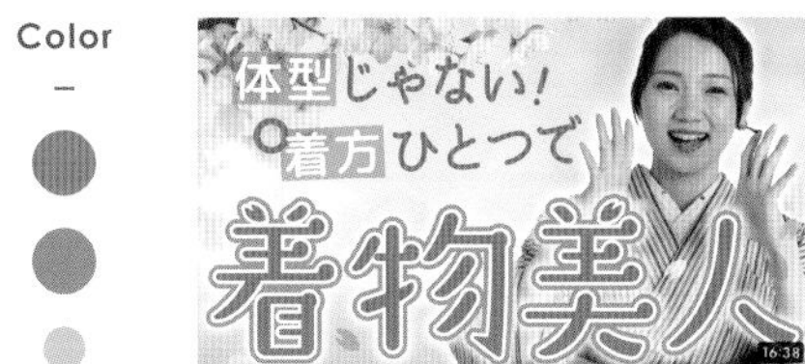

濁りのない晴れやかなカラーを使った、天真爛漫でキュートな和配色。

▶29 ペットの動画

Information

動画タイトル	鏡の中の自分に話しかけまくるインコのちーず
チャンネル名	ちーずチャンネル★よくしゃべるインコ
内容	セキセイインコ"ちーず"の飼い主による、インコの日常を配信する癒し系チャンネル。ある日ちーずに鏡を見せてみたところ、大好きなおしゃべりが炸裂！ 狙っているかのようなおもしろ発言に、笑わずにはいられないほのぼの動画です。

おもしろさを全面に押し出してみよう！

飼い主さん、すごくいい調子です！

楽しくなってきたネ

サムネ作りは楽しんでなんぼやで！

サムネデザイン

A

簡潔な導入文で自然に視聴へ導く!

しゃべくりインコに
鏡を
見せると
こうなります
3:09

B

ユーモアたっぷりのギャグ路線に振り切る!

ちーず劇場
かいまく
鏡編
作:ちーず
出演:ちーず
3:09

C

1番笑えるセリフを伏せ字で載せる!

心配。○○○が
シドウ
ヨウ?
鏡↑
3:09

「こうなります」の先は動画に続いている!

1
しゃべくりインコに
鏡を
見せると
こうなります
2
3:09

鏡の中の自分に話しかけまくるインコのちーず

Good!

1 万能ベーシック柄

シンプルなデザインなので、味気ない印象にならないようにドットやストライプで飾り付け。ご機嫌ムードを漂わせました。

2 漫符で感情表現

漫符(漫画などに用いられる、キャラクターの感情を表現するための記号)を使って、鏡の中の自分にハッと気が付いた瞬間かのように演出。面白みが増しました。

もったいない!

しゃべくりインコに
鏡を
見せると
こうなります
3:09

柄の主張が強く、文字チカチカして見えます。あくまで飾りなので控えめに。

F 使用Font

Zen Maru Gothic Black	あイ宇123
TA-おおにし	あイ宇123

B 作られた劇かと思うほど おもしろいんだもん！

鏡の中の自分に話しかけまくるインコのちーず

Good!

1 "っぽさ"の演出

「ちーず劇場」と題して公演風に仕立て上げました。「作」「出演」なども記載して、より"それっぽい"感じが出るように工夫しています。

2 混植で見栄えUP

ぽってりとしたフォルムが可愛らしいこのフォントには元々漢字がありません。相性の良い丸ゴシック体と組み合わせて使用しました。

もったいない！

平仮名ばかりが長く続くと読みづらく、文字数も多くなってしまうので要注意。

使用Font

めもわーる - まる　あイ123

Rounded M+ 1p Heavy　あイ字123

ここまで聞いちゃったら全部聞かないとモヤモヤ！

鏡の中の自分に話しかけまくるインコのちーず

Good!

1 伏せ字

どの部分をどのくらい伏せるかが重要。ピンとこないときは、大喜利のお題を出すつもりで考えてみるのもおすすめです。

2 ほっこりブラウン

集中線や吹き出しはハッキリとした太めの線で表現しているため、黒だとアクが強すぎる印象。ブラウンを使うと存在感はそのままに、マイルドな印象に仕上げることができます。

もったいない！

これでは何も書いていないのと変わらず、伏せ字の意味がありません。

使用Font

AB-yurumin Regular　あイ字 123

みちます　あイ字１２３

配色Tips × +

ほのぼのする色

お花畑のような澄んだ明るいカラーを集めれば、心がポッと温まるほのぼの配色のできあがり。寒色よりも暖色を取り入れるとポジティブ感が出て◎ 淡色だと印象が弱まったり、視認性を損ねたりする可能性があるので、サムネデザインではある程度濃さのある色を選びましょう。

Color
–

ちーず劇場
かいまく
鏡編
作：ちーず
出演：ちーず
3:09

他のオススメ

Color
–

しゃべくりインコに
鏡を
見せると
こうなります
3:09

おもちゃや子供服に使われていそうな、ポップ＆ハッピーな配色。

Color
–

心配。
〇〇〇が
シドヨウ？
鏡↑
3:09

涼やかなパープルに、あったかオレンジを組み合わせて温度調節！

▶30 掃除用品のランキング動画

Information

動画タイトル　掃除苦手な人・楽したい人必見!!お掃除アイテムランキングBEST6！

チャンネル名　丁寧じゃないけどイイ暮らし

内容　一般主婦が自身の経験と知識を活かし、主に家事にまつわるライフハック系のお役立ち情報を配信するチャンネル。この動画では、配信者が実際に購入・使用したお掃除アイテムの中でも選りすぐりの6品をランキング形式で紹介します。

良いのができた…！もう1パターン作ってみよう！

飼い主さん…
輝いています…
よかったぁ
デザインは人と犬の数だけあるんや♪
まだまだ考えたるで～！

サムネデザイン

A コマ割りレイアウトですっきり整理整頓！

B 黄金のタイトルロゴで視線をキャッチ！

C 重大発表かのごとく大袈裟に盛り上げる！

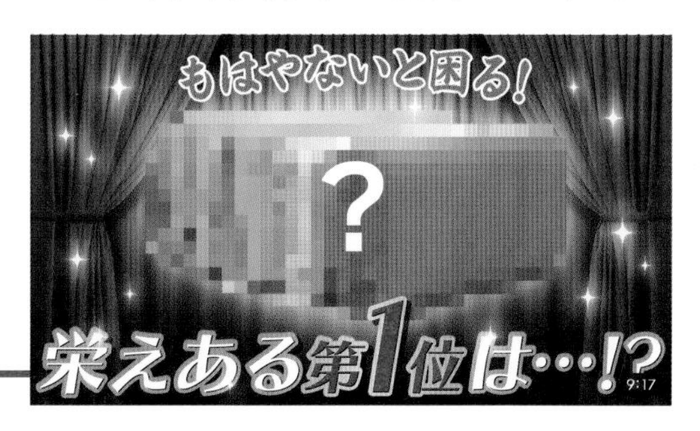

A レイアウトが大人しいぶん背景や配色で煌びやかに！

1

買って損なし！絶対役立つ！
お掃除アイテムBest6

2

9:17

掃除苦手な人・楽したい人必見！！お掃除アイテムランキングBEST6！

Good!

1 斜め割り

切り抜いたアイテム写真はそれぞれサイズが異なるため、各コマの面積もマチマチに。斜めのラインで区切ればばらつきが目立たず、楽しげな雰囲気も出て一石二鳥です。

2 イラストの役割

文字情報の優先順を考えて「Best」は小さめに表記。その代わり、ランキング動画であることがわかりにくくならないよう、アシスト役として王冠のイラストを添えました。

もったいない！

まっすぐに区切ると地味で盛り上がりに欠ける印象。写真周りの余白も気になります。

使用Font

Kaisei Opti Bold	あイ字123
モノピン太字	あイ字123

B 文字を円形に組んで目を引くエンブレム風に！

掃除苦手な人・楽したい人必見！！お掃除アイテムランキングBEST6！

Good!

1 栄光のシンボル

文字を囲うように月桂冠（葉っぱの飾り枠）を配置。タイトルロゴをバランスよくまとめつつ、ランキングらしさの演出にも役立っています。

2 あしらいにもメリハリを

アイテム写真には柔らかな光彩を付け、神々しい印象に。ガツンと強めなタイトルロゴとはまた別の存在感を放っています。

もったいない！

タイトルロゴの収まりが悪く、いまいち締まらない印象です。

使用Font

黒薔薇ゴシック bold	あイ宇１２３
Sail Regular	ABab123

やるからには世界大会優勝ぐらいの勢いで！

1 もはやないと困る! 2

栄えある第1位は…!?

9:17

掃除苦手な人・楽したい人必見!!お掃除アイテムランキングBEST6！

Good!

1 赤カーテン

背景に、式典を彷彿とさせる赤いカーテンを使用。いかにもランキングらしいムードを作りました。

2 主役写真にモザイク

写真は1位のアイテムだけに絞り、モザイクをかけて視聴者の好奇心を掻き立てます。駄目押しのひと言「もはやないと困る!」も添えて、手堅く視聴へ誘導します！

もったいない！

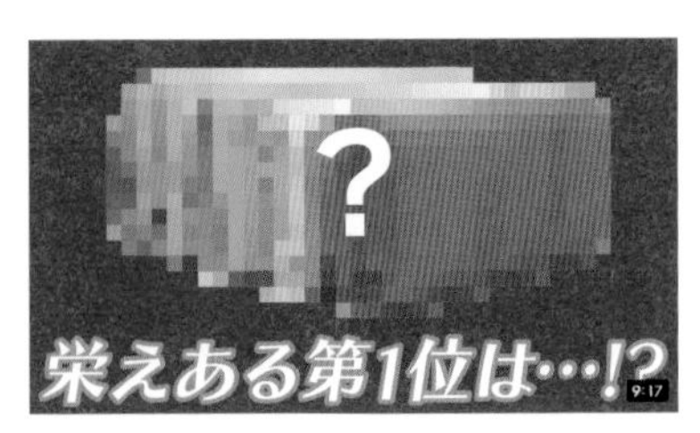

あっさりとしていてランキングらしさが乏しく、気持ちが盛り上がりません。

使用Font

FOT-キアロ Std B　あイ字123

HOT-白舟極太楷書教漢 E　あイ字123

配色Tips

ランキングっぽい色

ランキングと言えば赤×ゴールドがおきまり。ひと目でランキング動画だということが伝わります。グラデを使ったメタリック表現などを駆使して、ここぞとばかりに目立たせてみるのも◎ ちょっと主張が強すぎるくらいの派手さがあっても、大丈夫です！

Color

他のオススメ

Color

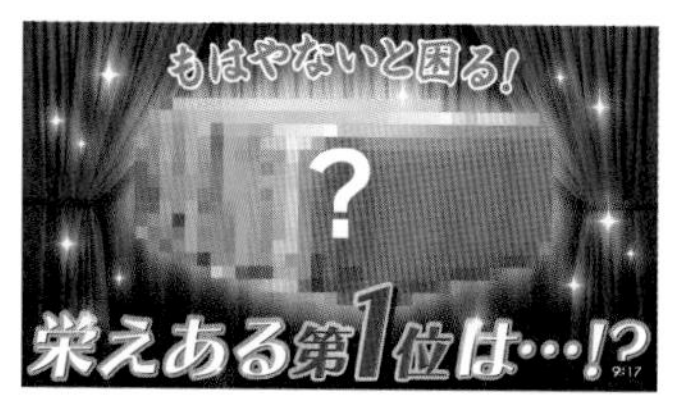

赤をロイヤルブルーに置き換えると高貴な印象に。重厚感もUPします。

Color

目立ち度100%のイエローを使うと、ゴージャスというより庶民派な印象に。

▶ Index

わかりやすいサムネ一覧

やっぱり、わかりやすく動画の内容を伝えることが最重要だと思うんです！

動画の内容を簡潔にまとめたタイトルロゴを作るなど、シンプル&ストレートに表現することを心がけるとわかりやすいサムネを作ることができます。

≫ P024

≫ P042

≫ P030

≫ P048

≫ P036

≫ P056

>>> P062

>>> P068

>>> P074

>>> P080

>>> P086

>>> P094

>>> P100

>>> P106

▶ Index

わかりやすいサムネ一覧

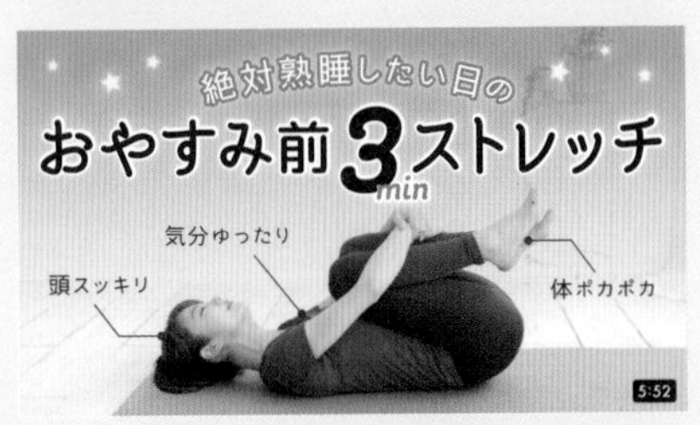

テーマに合わせた色・フォント・モチーフ選びも大切です

P164

P190

P170

P196

P176

P202

P184

P208

▶ Index

親しみやすいサムネ一覧

動画って気軽に楽しむものだし、フレンドリーなほうが見たくなると思うなぁ

呼びかけるような口調や、視聴者目線の言葉を載せると、角のない親しみやすい雰囲気のサムネを作ることができます。

P025

P043

P031

P049

P037

P057

>>> P063

>>> P087

>>> P069

>>> P095

>>> P075

>>> P101

>>> P081

>>> P107

▶ Index

親しみやすいサムネ一覧

>>> P113

>>> P139

>>> P119

>>> P145

>>> P125

>>> P151

>>> P133

>>> P157

お友達に見せるようなつもりで作るといいかも〜

>>> P165

>>> P191

>>> P171

>>> P197

>>> P177

>>> P203

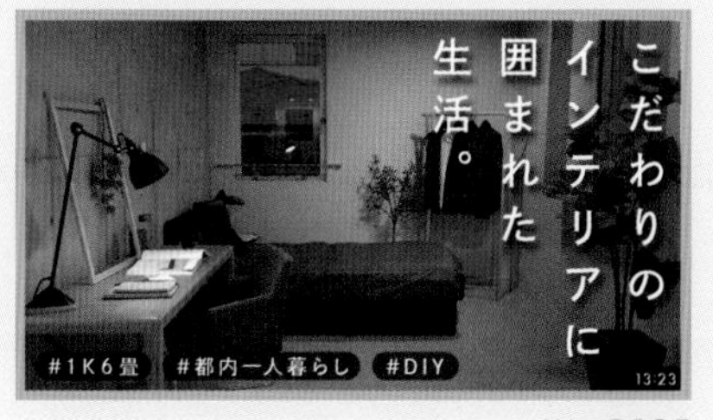

>>> P185

>>> P209

▶ Index

インパクトのあるサムネ一覧

とにかくバーンと目立たせて、気付いてもらわないことには始まらんわ〜!

気になるひと言や写真を、大胆に大きく載せるとインパクトのあるサムネに。多少わかりやすさを欠いたとしても、思い切りやり抜くことがコツです。

>>> P026

>>> P044

>>> P032

>>> P050

>>> P038

>>> P058

>>> P064

>>> P070

>>> P076

>>> P082

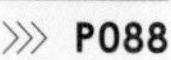

>>> P088

>>> P096

>>> P102

>>> P108

▶ Index

インパクトのあるサムネ一覧

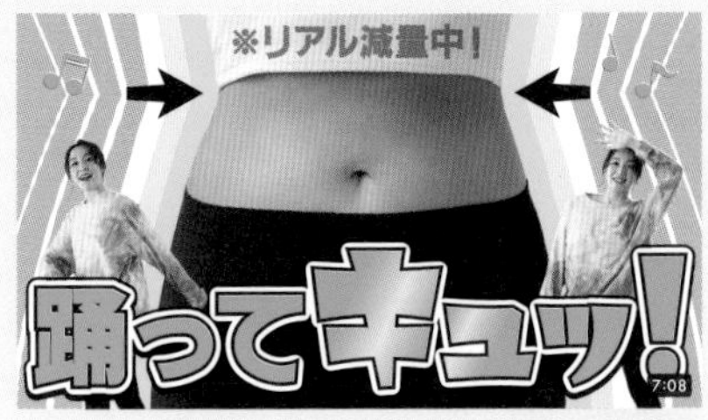

ウソと"釣り"はやったらあかんでー!

水かぶっても
滝汗かいても
号泣しても
顔面安泰
耐久メイク
21:17

>>> P166

CAMP VLOGはじめます。
キャンプ歴
15年
キャンパー
家族
27:39

>>> P192

悩める
9▶10月の
正解
コーデ
saya's 5 styles
7:03

>>> P172

×体型じゃない!
○着方ひとつで
着物美人
16:38

>>> P198

絶対バレない♡
奇跡の
100 100 100 100
よんひゃく
円ネイル
9:49

>>> P178

心配。
〇〇〇が
シドヨウ?
鏡↑
3:09

>>> P204

普通の賃貸で
ここまでできる
ROOM TOUR
13:23

>>> P186

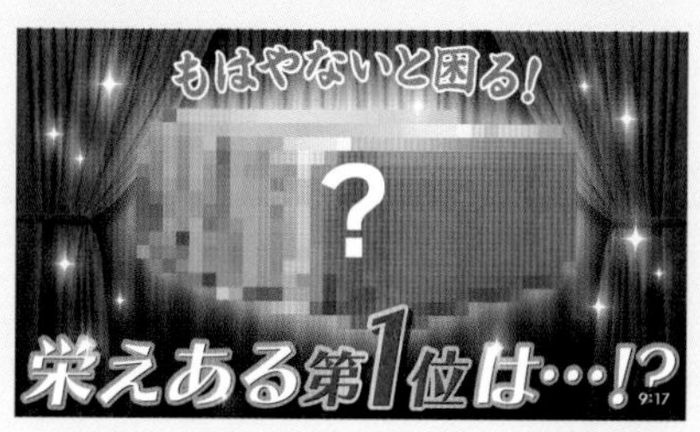

もはやないと困る!
?
栄えある第1位は…!?
9:17

>>> P210

Power Design パワーデザイン https://www.powerdesign.co.jp

東京に拠点を置くデザイン会社。
常時20名前後在籍のデザイナーがそれぞれ個性を活かし、
グラフィック事業とプロダクト事業の2つの分野を柱に幅広く活動。

【参考文献】

タトラエディット 「YouTube Perfect Guidebook 改訂第5版」 ソーテック社 2020
大原 昌人 「これからの集客はYouTubeが9割」 青春出版社 2021
KYOKO 「世界一やさしい YouTubeビジネスの教科書 1年生」 ソーテック社 2021

同じネタなのに印象が変わる
動画サムネイルデザインのネタ帳

2024年 4 月11日 初版第 1 刷発行

著　者　Power Design Inc.
装丁・本文・DTP　中村 敬一／萬年 晶／齋藤 仁美／後藤 麻緒／三浦 泉／竹内 春乃／布施 雄大／関 光紗
編集人　平松 裕子
発行人　片柳 秀夫
発　行　ソシム株式会社
https://www.socym.co.jp/
〒101-0064
東京都千代田区神田猿楽町1-5-15
猿楽町SSビル
TEL：03-5217-2400(代表)
FAX：03-5217-2420
印刷・製本　シナノ印刷株式会社

定価はカバーに表示してあります。
落丁・乱丁本は弊社編集部までお送りください。
送料弊社負担にてお取り替えいたします。

ISBN978-4-8026-1438-2

Printed in Japan